面向新工科普通高等教育系列教材

单片机原理及应用
——基于 C51+Proteus 任务式驱动教程

宋志强　陈逸菲　主　编

宋　莹　张立新　袁　鑫　副主编

张赵良　夏庆锋　席万强　参　编

U0240540

机械工业出版社

本书由浅入深地介绍 MCS-51 系列单片机的控制技术和实用性设计，将单片机的相关知识点融入各个任务中，完整地展现了电子产品设计、开发的整个过程。

全书从单片机的软件开发环境开始介绍，之后介绍单片机硬件系统及 Proteus 仿真软件，接着基于多个任务，介绍开发智能车所需要的 I/O 端口、显示接口技术、中断系统、定时/计数器和串行口等相关知识，循序渐进地将单片机知识点融入实际的任务设计中。最后，基于智能车平台，设计了智能车循迹、避障等程序。本书在编写过程中遵循"任务驱动教学"的原则，以应用为目的，以具体的任务为载体，将单片机的知识点分解到任务中，让读者在"教学做"中轻松学习单片机的知识和技能并加以更好地应用。

本书可作为应用型本科院校自动化类、电子信息类、通信类、机电类、物联网类、轨道交通类等专业的单片机课程的教材，也可作为高职高专、开放大学、成人教育、自学考试和培训班的教材，以及电子工程技术人员的参考工具书。

图书在版编目（CIP）数据

单片机原理及应用：基于 C51+Proteus 任务式驱动教程 / 宋志强，陈逸菲主编 . —北京：机械工业出版社，2022.8（2023.8 重印）
面向新工科普通高等教育系列教材
ISBN 978-7-111-71095-0

Ⅰ. ①单… Ⅱ. ①宋… ②陈… Ⅲ. ①微控制器-高等学校-教材
Ⅳ. ①TP368.1

中国版本图书馆 CIP 数据核字（2022）第 113447 号

机械工业出版社（北京市百万庄大街 22 号　邮政编码 100037）
策划编辑：尚　晨　　责任编辑：尚　晨
责任校对：张艳霞　　责任印制：郜　敏
北京富资园科技发展有限公司印刷

2023 年 8 月第 1 版 • 第 4 次印刷
184mm×260mm • 15 印张 • 365 千字
标准书号：ISBN 978-7-111-71095-0
定价：59.00 元

电话服务　　　　　　　　　　　网络服务

客服电话：010-88361066　　　机 工 官 网：www.cmpbook.com
　　　　　010-88379833　　　机 工 官 博：weibo.com/cmp1952
　　　　　010-68326294　　　金 书 网：www.golden-book.com
封底无防伪标均为盗版　　　　　机工教育服务网：www.cmpedu.com

前　言

本书充分考虑了应用型本科院校、研究型大学、高职院校学生的差别，既有一定的理论深度，同时又突出应用性和创新性，将理论、实践及虚拟仿真环节融为一体；既设计每个知识点的独立案例，又提供完整的案例贯穿整本书，以帮助学生更好地掌握单片机相关的原理、知识和技术，学习如何在一个工程项目中综合使用所学知识来解决问题。

自教育部印发《高等学校课程思政建设指导纲要》以来，陆续出现了一些引入课程思政的优秀教材，但是单片机类教材引入课程思政的较少。作为自动化、电气、测控、机器人、物联网、电子信息等专业都开设的课程，单片机类教材受众面广，是课程思政的重要阵地之一，因此本书编写的另一目的就是体现习近平新时代中国特色社会主义思想，按新时代高校"课程思政"的要求构建单片机类教材。

本书编写团队经过多年的教学改革经验积累，以单片机应用为主线，采用 C 语言编程，使学生在完成各个任务的过程中逐渐掌握单片机知识和编程方法，最终能学以致用。本书由宋志强、陈逸菲担任主编，宋莹、张立新、袁鑫担任副主编。宋志强对本书的编写思路进行了总体策划，指导全书的编写，对全书统稿，并负责编写任务 1、2、3。陈逸菲协助完成统稿工作，并负责编写任务 4、5。宋莹、张立新、袁鑫（苏州雷格特智能设备股份有限公司）分别负责编写任务6、8、9。张赵良、夏庆锋、席万强负责编写任务7。本书是 2021 年教育部产学合作协同育人项目（项目编号：202101187002、202102474008）的研究成果之一。

在教学中，教师可根据课堂和实验教学等实际情况灵活选用学习任务和项目，合理分配课时。有的项目可以让学生利用第二课堂来完成。为方便教师教学，本书配备了电子教学课件、习题参考答案、C 语言源程序文件等教学资源，需要的读者可登录 www.cmpedu.com 免费注册，审核通过后下载，或联系编辑索取（微信 15910938545，电话 010-88379739）。

此外，本书中存在大量使用 Proteus 软件绘制的电路图，为便于教学及自学，书后附录提供常用逻辑符号对照表。由于编者水平有限，书中难免存在疏漏与不足，恳请读者对本书提出宝贵意见。

编　者

目　　录

任务 1 熟悉 C51 单片机软件开发环境

1.1 学习目标

1.1.1 任务说明

单片机是一种集成电路芯片，是采用超大规模集成电路技术把具有数据处理能力的微处理器（MCU）、随机存储器（RAM）、只读存储器（ROM）、多种 I/O 端口和中断系统、定时器/计数器（有的单片机还包括显示驱动电路、脉宽调制电路、模拟多路转换器、A/D 转换器等电路）集成到一块硅片上构成的一个小而完善的微型计算机系统，其在工业控制领域具有广泛的应用。

在本任务中，首先从 Keil C51 软件使用入手，让读者对 Keil C51 软件有一个初步的认识；其次，介绍单片机和单片机应用系统的基本概念；然后通过 LED 的闪烁控制和单片机控制无源蜂鸣器发声小任务，让读者了解单片机应用系统的开发流程和使用的工具；最后对单片机的各种操作环境进行简单介绍。

1.1.2 知识和能力要求

知识要求：
- 掌握 Keil C 软件的基本使用方法；
- 了解单片机的发展历史及应用范围；
- 熟悉单片机编程语言。

能力要求：
- 会用 Keil C 软件对源程序进行编译、调试；
- 能够读懂简单的单片机控制程序。

1.2 任务准备

1.2.1 单片机概述

1. 单片机简介

单片微型计算机（Single Chip Microcomputer）简称单片机，是指集成在一个芯片上的微型计算机，它的各种功能部件，包括 CPU（Central Processing Unit）、存储器（Memory）、输入/输出（Input/Output，I/O）接口电路、定时器/计数器和中断系统等，这些部件均制作在一块芯片上，构成一个完整的微型计算机。由于单片机的结构与指令功能都是按照工业控制要求设计的，故又称为微控制器（Micro Controller Unit，MCU）。

20 世纪 70 年代，美国仙童半导体公司（Fairchild Semiconductor）首先推出了第一款单片机 F-8。1971 年 11 月，Intel 推出 MCS-4 微型计算机系统（包括 4001 ROM 芯片、4002 RAM

芯片、4003 移位寄存器芯片和 4004 微处理器），其中，4004 包含 2300 个晶体管，尺寸规格为 3mm×4mm，计算性能远远超过以前的 ENIAC（全称为 Electronic Numerical Integrator and Computer，即电子数字积分计算机），最初售价为 200 美元。Intel 公司的霍夫研制成功 4 位微处理器芯片 Intel 4004，标志着第一代微处理器问世，微处理器和微机时代从此开始。因发明微处理器，霍夫被英国《经济学家》杂志列为"二战以来最有影响力的 7 位科学家之一"。

1972 年 4 月，霍夫等人开发出第一个 8 位微处理器 Intel 8008。由于 8008 采用的是 P 沟道 MOS 微处理器，因此仍属第一代微处理器。

1973 年，Intel 公司研制出 8 位的微处理器 8080；1973 年 8 月，霍夫等人研制出 8 位微处理器 Intel 8080，以 N 沟道 MOS 电路取代了 P 沟道，第二代微处理器就此诞生。主频 2 MHz 的 8080 芯片运算速度比 8008 快 10 倍，可存取 64 KB 存储器，使用了基于 6 微米技术的 6000 个晶体管，处理速度为 0.64MIPS（Million Instructions Per Second）。

1976 年，Intel 公司研制出 MCS-48 系列 8 位的单片机，这也是单片机的问世。Zilog 公司于 1976 年开发的 Z80 微处理器，广泛用于微型计算机和工业自动控制设备。当时，Zilog、Motorola 和 Intel 在微处理器领域三足鼎立。

20 世纪 80 年代初，Intel 公司在 MCS-48 系列单片机的基础上，推出了 MCS-51 系列 8 位高档单片机。MCS-51 系列单片机无论是片内 RAM 容量、I/O 口功能，还是系统扩展方面都有了很大的提高。之后，Intel、Motorola 等公司又先后推出了性能更为优越的 32 位单片机，单片机的应用达到了一个更新的层次。

单片机的型号有 8031、8051、80C51、80C52、8751、89S51 等，下面简要介绍一下这些型号单片机的区别。

8031/8051/8751 是 Intel 公司早期的产品。

8031 片内不带程序存储器 ROM，使用时用户需外接程序存储器，外接的程序存储器多为 EPROM（一种断电后仍能保留数据的存储芯片，即非易失性芯片）。

8051 片内有 4 KB 的 ROM，更能体现"单片"的特性，但用户自编的程序无法烧写到其 ROM 中，只能将程序交芯片厂烧写，并且是一次性的，之后不能改写内容。

8751 与 8051 基本一样，但 8751 片内有 4 KB 的 EPROM，用户可以将自己编写的程序写入单片机的 EPROM 中进行现场实验与应用，EPROM 的改写需要用紫外线等照射一定时间，擦除其内容后再烧写。

由于上述类型的单片机应用较早，影响很大，因此已成为事实上的工业标准。后来，许多芯片厂商以各种方式和 Intel 合作，纷纷推出各自的单片机，如同一种单片机的多个版本一样。虽然单片机的制造工艺在不断改变，但内核却一样，也就是说，这类单片机指令系统安全兼容，绝大多数单片机的引脚也兼容，在使用上基本可以直接互换。人们统称这些与 8051 内核相同的单片机为"MCS-51 系列单片机"。MCS-51 系列单片机的片内硬件资源见表 1-1。

表 1-1　MCS-51 系列单片机的片内硬件资源

分　类	型　号	片内程序存储器	片内数据存储器/B	I/O 口线/位	定时器/计数器个数	中断源个数
基本型	8031	无	128	32	2	5
	8051	4 KB ROM	128	32	2	5
	8751	4 KB EPROM	128	32	2	5
增强型	8032	无	256	32	3	6
	8052	8 KB ROM	256	32	3	6
	8752	8 KB EPROM	256	32	3	6

MCS-51 系列单片机的代表性产品为 8051，其他单片机都是在 8051 的基础上进行功能的增减。20 世纪 80 年代中期以后，Intel 公司已把精力集中在高档 CPU 芯片的开发、研制上，逐渐淡出单片机芯片的开发和生产。由于 MCS-51 系列单片机设计上的成功以及较高的市场占有率，以 MCS-51 技术核心为主导的单片机已经成为许多厂家、电气公司竞相选用的对象，并以此为基核。因此，Intel 公司以专利转让或技术交换的形式把 8051 的内核技术转让给了许多半导体芯片生产厂家，如 Atmel、Philips、Cygnal、ANALOG、LG、ADI、Maxim、DEVICES、DALLAS 等公司。这些厂家生产的兼容机与 8051 的内核结构、指令系统相同，采用 CMOS 工艺，因而常用 80C51 系列单片机来称呼所有这些具有 8051 指令系统的单片机，人们也习惯把这些兼容机等各种衍生品种统称为 51 系列单片机或简称为 51 单片机，有的公司还在 8051 的基础上又增加了一些功能模块（称为增强型、扩展型子系列单片机），使其集成度更高，更有特点，其功能和市场竞争力更强。近年来，世界上单片机芯片生产厂商推出的与8051（80C51）兼容的主要产品见表 1-2。

表 1-2　与 80C51 兼容的主要产品

生产厂家	单片机型号
Atmel 公司	AT89C5x、AT89S5x 系列
Philips 公司	80C51、8xC552 系列
Cygnal 公司	C80C51F 系列高速 SOC 单片机
LG 公司	GMS90/97 系列低价、高速单片机
ADI 公司	ADμC8xx 系列高精度单片机
Maxim 公司	DS89C420 高速单片机系列
华邦公司	W78C51、W77C51 系列高速、低价单片机
AMD 公司	8-515/535 单片机
Siemens 公司	SAB80512 单片机

在众多与 MCS-51 单片机兼容的各种基本型、增强型、扩展型等衍生机型中，美国 Atmel 公司推出的 AT89C5x/AT89S5x 系列因其不仅和 8051 指令、引脚完全兼容，而且其片内的程序存储器是 Flash 工艺的（对于这种工艺的存储器，用户可以用相关的下载器对其瞬间进行擦除、改写），因此更实用，该系列中的 AT89C51/AT89S51 和 AT89C52/AT89S52 单片机在我国目前的 8 位单片机市场中占有较大的市场份额。Atmel 公司是美国 20 世纪 80 年代中期成立并发展起来的半导体公司。该公司于 1994 年以 E^2PROM 技术与 Intel 公司 80C51 内核的使用权进行交换。Atmel 公司的技术优势是其 Flash 存储器技术，将 Flash 技术与 80C51 内核相结合，形成了片内带有 Flash 存储器的 AT89C5x/AT89S5x 系列单片机。

AT89C5x/AT89S5x 系列单片机继承了 MCS-51 的原有功能，与 MCS-51 系列单片机在原有功能、引脚以及指令系统方面完全兼容。此外，AT89C5x/AT89S5x 系列单片机中的某些品种又增加了一些新的功能，如看门狗定时器 WDT、ISP（在系统编程，也称为在线编程）及 SPI 串行接口技术等。片内 Flash 存储器允许在线（+5V）电擦除、电写入或使用编程器对其重复编程，另外，AT89C5x/AT89S5x 单片机还支持由软件选择的两种节能工作方式，非常适用于电池供电或其他要求低功耗的场合。AT89C51/AT89S51 与 MCS-51 系列中的 87C51 单片机相比，AT89C51/AT89S51 单片机片内的 4 KB Flash 存储器取代了 87C51 片内 4 KB 的 EPROM。

AT89S5x 的"S"系列机型是 Atmel 公司继 AT89C5x 系列之后推出的新机型，代表性产品为 AT89S51 和 AT89S52。基本型的 AT89C51 与 AT89S51 以及增强型的 AT89C52 与 AT89S52 的硬件结构和指令系统完全相同。使用 AT89C51 单片机的系统，在保留原来软、硬件的条件下，完全可以用 AT89S51 直接代换。与 AT89C5x 系列相比，AT89S5x 系列的时钟频率以及运算速度有了较大的提高，例如，AT89C51 工作频率的上限为 24 MHz，而 AT89S51 则为 33 MHz。AT89S51 片内集成双数据指针 DPTR、看门狗定时器，具有低功耗空闲工作方式和掉电工作方式。目前，AT89S5x 系列已经逐渐取代 AT89C5x 系列。表 1-3 为 Atmel 公司 AT89C5x/AT89S5x 系列单片机主要产品的片内硬件资源。由于单片机的种类很多，开发者在选择单片机时要依据实际需求来选择合适的型号。

表 1-3　Atmel 公司的 AT89C5x/AT89S5x 系列单片机主要产品的片内硬件资源

型　　号	片内 Flash ROM/KB	片内 RAM/B	I/O 口/位	定时器/计数器个数	中断源个数	引脚数目
AT89C1051	1	128	15	1	3	20
AT89C2051	2	128	15	2	5	20
AT89C51	4	128	32	2	5	40
AT89S51	4	128	32	2	6	40
AT89C52	8	256	32	3	8	40
AT89S52	8	256	32	3	8	40
AT89LV51	4	128	32	2	6	40
AT89LV52	8	256	32	3	8	40
AT89C55	20	256	32	3	8	44

表 1-3 中 AT89C1051 与 AT89C2051 为低档机型，均为 20 个引脚。注意，当使用低档机型即可满足设计需求时，就不要采用较高档次的机型。例如，当系统设计时，仅仅需要一个定时器和几位数字量输出，那么选择 AT89C1051 或 AT89C2051 即可，而不需要选择 AT89S51 或 AT89S52，因为后者要比前者的价格高，且前者体积也小。如果对程序存储器和数据存储器的容量要求较高，那么选择的单片机还要满足片内程序存储区和数据存储区空间的要求。除了程序存储区和数据存储区的要求外，还要考虑单片机运行速度尽量要快，这时可以考虑选择 AT89S51/AT89S52，因为它们的最高工作时钟频率为 33 MHz。当单片机应用程序需要多于 8 KB 以上的空间时可考虑选用片内 Flash 存储器容量为 20 KB AT89C55。表 1-3 中，AT89LV51 与 AT89LV52 中的"LV"代表低电压，它与 AT89S51 单片机的主要差别是其工作时钟频率为 12 MHz，工作电压为 2.7~6 V，编程电压 VPP 为 12 V。AT89LV51 的低电压电源工作条件可使其在便携式、袖珍式、无交流电源供电的环境中应用，因此 AT89LV51 特别适合于电池供电的仪器仪表和各种野外操作的设备中。

尽管 AT89C5x/AT89S5x 系列单片机有多种机型，但是掌握好 AT89S51/52 单片机非常重要，本书以 AT89S51/52 作为 51 单片机的代表性机型来介绍单片机的原理及应用。目前，

AT89S5x 系列已经逐渐取代 AT89C5x 系列，因此本书以 AT89S5x 系列讲解 51 单片机的相关知识，但 Proteus 仿真软件中没有 AT89S5x 系列单片机，所以仿真时用 AT89C51 单片机。

2．单片机的特点

（1）高集成度、体积小、高可靠性

单片机将各功能部件集成在一块晶体芯片上，集成度很高，体积自然也是最小的。芯片本身是按工业测控环境要求设计的，内部布线很短，其抗工业噪声性能优于一般通用的 CPU。单片机程序指令、常数及表格等固化在 ROM 中不易被破坏，许多信号通道均在一个芯片内，故可靠性高。

（2）控制功能强

为了满足对对象的控制要求，单片机的指令系统均有极丰富的条件：分支转移能力、I/O 口的逻辑操作及位处理能力，非常适用于专门的控制功能。

（3）低电压、低功耗，便于生产便携式产品

为了满足广泛使用于便携式系统，许多单片机内的工作电压仅为 1.8～3.6 V，而工作电流仅为数百微安。

（4）易扩展

片内具有计算机正常运行所必需的部件。芯片外部有许多供扩展用的三总线及并行、串行输入/输出引脚，很容易构成各种规模的计算机应用系统。

（5）优异的性能价格比

单片机的性能极高。为了提高速度和运行效率，单片机已开始使用 RISC 流水线和 DSP 等技术。单片机的寻址能力也已突破 64 KB 的限制，有的已可达到 1 MB 和 16 MB，片内的 ROM 容量可达 62 MB，RAM 容量则可达 2 MB。由于单片机的广泛使用，因而销量极大，各大公司的商业竞争更使其价格十分低廉，其性能价格比极高。

3．单片机的发展及应用

单片机在没有开发前，只是一块具备极强功能的超大规模集成电路，如果赋予它特定的程序，它便是一个单片机应用系统。单片机应用系统是以单片机为核心，配以输入、输出及显示等外围接口电路和控制程序，能实现一种或多种功能的实用系统。单片机应用系统由硬件和控制程序两部分组成，两者相互依赖，缺一不可。硬件是应用系统的基础，控制程序是在硬件的基础上，对其资源进行合理调配和使用，控制其按照一定顺序完成各种时序、运算或动作，从而实现应用系统所要求的任务。单片机应用系统设计人员必须从硬件结构和控制程序设计两个角度来深入了解单片机，将二者有机地结合起来，才能开发出具有特定功能的单片机应用系统。单片机与单板机或个人计算机（PC）有着本质的区别，它的应用属于芯片级应用，需要用户了解单片机芯片的结构和指令系统以及其他集成电路应用技术和系统设计所需要的理论和技术，用这样特定的芯片设计应用程序，从而使该芯片具备特定的功能。

不同的单片机有着不同的硬件特征和软件特征，即它们的技术特征均不尽相同，硬件特征取决于单片机芯片的内部结构，用户要使用某种单片机，必须了解该型号产品是否满足需要的功能和应用系统所要求的特性指标。这里的技术特征包括功能特性、控制特性和电气特性等，这些信息需要从生产厂商的技术手册中得到。软件特征是指指令系统特性和开发支持环境。

单片机内部也用和计算机功能类似的模块，比如 CPU、内存、并行总线，还有和硬盘作

用相同的存储器件，不同的是它的这些部件性能都相对于家用计算机弱很多，不过价钱也较低，一般不超过 10 元，可以用它来做一些控制电器这一类不是很复杂的工作。人们现在用的全自动滚筒洗衣机、排烟罩等家电里面都可以看到它的身影！它主要是作为控制部分的核心部件。它是一种在线式实时控制计算机，在线式就是现场控制，需要较强的抗干扰能力、较低的成本，这也是和离线式计算机的（比如家用 PC）的主要区别。

单片机比专用处理器更适合应用于嵌入式系统，因此它得到了最多的应用。事实上单片机是世界上数量最多的计算机。现代人类生活中所用的几乎每件电子和机械产品中都会集成有单片机。手机、电话、计算器、家用电器、电子玩具、掌上计算机以及鼠标等计算机配件中都配有单片机，而个人计算机中也会有为数不少的单片机在工作。汽车上一般配备 40 多部单片机，复杂的工业控制系统上甚至可能有数百台单片机在同时工作。单片机的数量不仅远超过PC 和其他计算机的总和，甚至比人类的数量还要多。

1.2.2 单片机编程语言

计算机语言分为机器语言、汇编语言和高级语言，其中机器语言由二进制数构成，计算机（包括单片机）可以直接识别，而汇编语言和高级语言必须通过编译软件编译成机器语言后计算机才能识别。单片机编程可以采用汇编语言，也可以采用高级语言。汇编语言编译效率高，适合于程序直接控制硬件的场合，但由于汇编语言程序要安排运算或控制每一个细节，这使得编写汇编语言程序比较烦琐复杂。

现在常用高级语言中的 C 语言来进行单片机程序的编写。Keil C51 软件是目前较流行的开发 51 单片机的工具软件，掌握这一软件的使用方法，对于 51 单片机的开发人员是十分必要的。下面将按照任务中给出的步骤，学习 Keil C51 软件的基本操作方法。

1.3 任务实施

1.3.1 实例——Keil C51 软件的使用

1. 任务要求

使用 Keil C51 的基本步骤有新建工程、新建 C 语言源文件、编写 C 语言程序、向工程添加源文件、工程配置、工程编译及生成 hex 文件。

通过单片机对接在 P1.0 口上的一只 LED 进行闪烁控制。控制过程为上电后 LED 灯点亮，持续点亮一段时间后，LED 灯熄灭，熄灭相同的时间后再点亮，这样周而复始地进行下去，形成闪烁的效果。通过本任务，读者能体验单片机控制外围设备的方法，了解单片机硬件系统和软件系统协调工作的过程，激发读者学习单片机应用技术的兴趣。

2. 任务分析

程序设计是单片机开发最重要的工作，而编写单片机的程序要在读懂硬件原理图的基础上才能编写。本任务通过编写程序，使得与单片机 P1.0 引脚相连的 LED 闪烁，而要让 LED 闪烁，只需要 P1.0 引脚输出低电平并保持一段时间，接着 P1.0 输出高电平并保持一段时间，之后重复这个过程即可实现 LED 的闪烁。要让低电平或高电平保持或者持续一段时间，在单片机中常常需要延时的功能。在单片机编程中，可以通过让单片机不断执行空语句，从而达到延时的效果，延迟程序如下。

```
//延时函数
void delay_nms(unsigned int n)//大约 1 ms 的基准延时
{
        unsigned char j;
        while(n--)
        {
                for(j=0;j<120;j++);//通过执行空语句，从而达到延时的目的
        }
}
```

3．硬件设计

（1）电路设计思路及控制要求

LED 灯闪烁的具体控制原理是采用典型的单片机 AT89C51 进行控制。利用单片机的 P1 口的某位外接一个 LED，如 LED 阴极接 P1.0，阳极通过限流电阻接电源。当 P1.0=0 时，对应的 LED 灯就会被点亮；当 P1.0=1 时，对应的 LED 灯就会熄灭。

（2）硬件电路原理图

根据上述的控制要求，用 Proteus 8 绘制的电路原理图如图 1-1 所示。

4．程序设计

（1）主程序流程图

根据程序设计思路，画出程序流程图如图 1-2 所示。

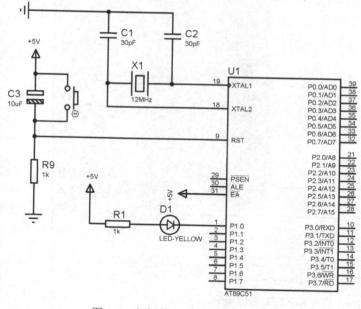

图 1-1　闪烁的 LED 灯电路原理图

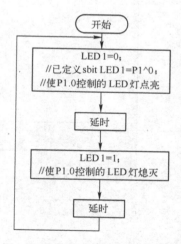

图 1-2　闪烁的 LED 灯程序流程图

（2）Keil C51 软件的使用

Keil C51 软件是众多单片机应用开发的优秀软件之一，它集编辑、编译和仿真于一体，支

持汇编、PLM 语言和 C 语言的程序设计，界面友好，易学易用。下面介绍用 Keil C51 软件新建工程的方法。

1）启动 Keil C51 软件。进入 Keil C51 后，初始界面如图 1-3 所示，几秒钟后出现编辑界面，如图 1-4 所示。

图 1-3　启动 Keil C51 时的初始界面

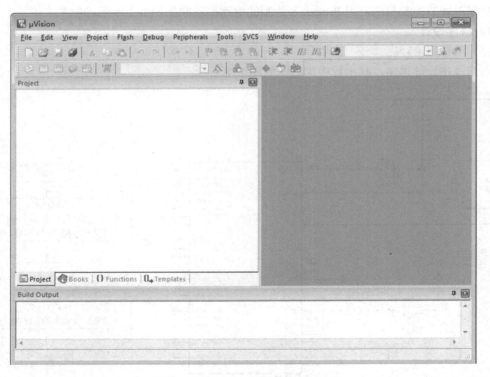

图 1-4　进入 Keil C51 后的编辑界面

2）建立一个新工程。单击"Project"菜单，在弹出的下拉菜单中单击"New μVision Project"选项，如图 1-5 所示。

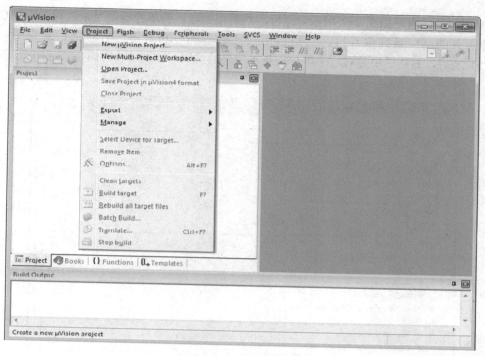

图 1-5　创建新的工程

3）然后选择待保存的路径，输入工程文件的名字，比如保存到 C51 目录里，工程文件的名称为 C51，如图 1-6 所示，然后单击"保存"按钮。

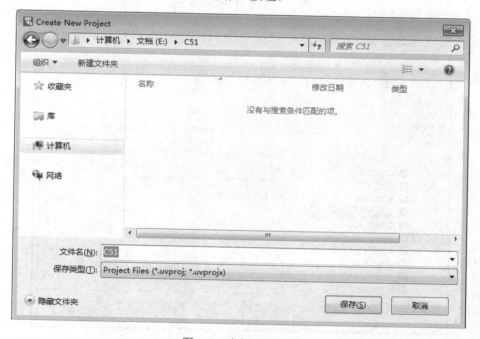

图 1-6　建立工程文件

4）保存后，出现如图 1-7 所示对话框，然后根据自己的单片机型号来选择，Keil C51 几乎支持所有的 51 系列单片机，这里以用得比较多的 Atmel 的 AT89C51 来说明，选择 AT89C51 之后，右侧栏中是对这个单片机基本信息的说明，如图 1-8 所示，然后单击"OK"按钮。

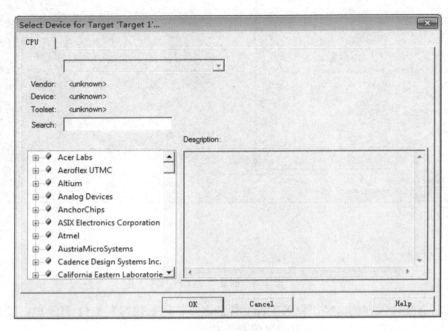

图 1-7　选择目标器件窗口

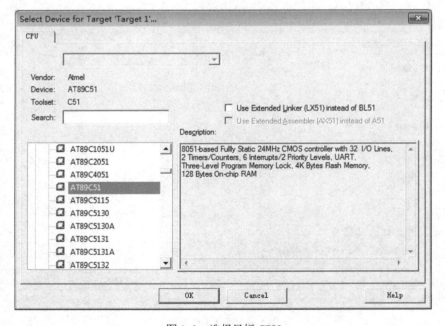

图 1-8　选择目标 CPU

5）然后出现如图 1-9 所示的对话框询问是否要复制 STARTUP.A51 启动代码，此时不需要复制标准的 8051 启动代码，单击"否"按钮，回到主界面。

图 1-9　询问是否要复制 STARTUP.A51 启动代码的对话框

6）建立好的工程名为 C51.uvproj，建立工程后的主界面如图 1-10 所示。

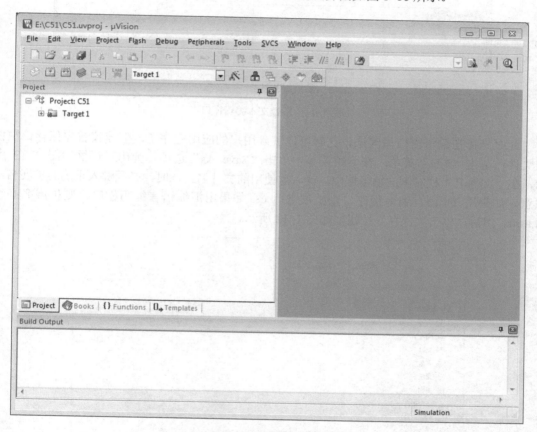

图 1-10　建立工程后的主界面

7）建立并添加源文件。单击"File"菜单，然后单击"New"选项，出现如图 1-11 所示的文本编辑窗口。

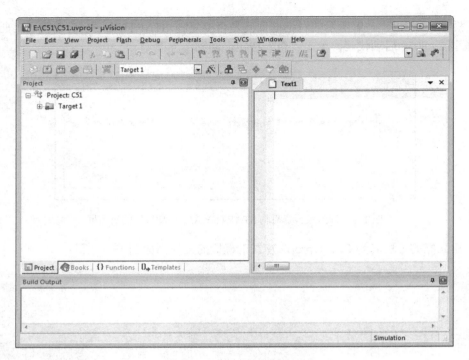

图 1-11　新建文本编辑窗口

此时光标在编辑窗口里闪烁，这时可以键入用户的应用程序了，但建议首先保存该空白的文件，单击"File"菜单，在下拉菜单中单击"Save As"选项，弹出对话框如图 1-12 所示，在"文件名"栏右侧的编辑框中，键入欲使用的文件名，同时，必须键入正确的扩展名。注意，如果用 C 语言编写程序，则扩展名为.c；如果用汇编语言编写程序，则扩展名必须为.asm。然后，单击"保存"按钮，如图 1-12 所示。

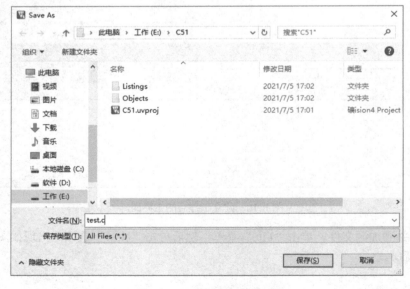

图 1-12　源程序保存对话框

8）回到编辑界面后，单击"Target 1"前面的"＋"号，然后右键单击"Source Group 1"，弹出如图 1-13 所示菜单。

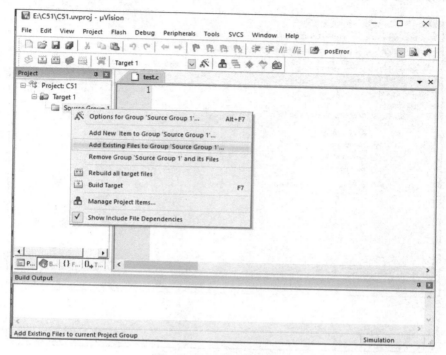

图 1-13　添加源文件到组中

9）单击"Add Existing Files to Group 'Source Group 1'"，在弹出的对话框中选择 test.c，然后单击"Add"按钮，如图 1-14 所示，这时会发现"Source Group 1"文件夹中多了一个子项 test.c，子项的多少与所增加的源程序的多少相同。

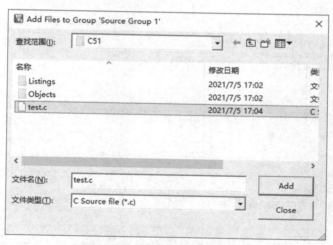

图 1-14　选择文件类型及添加源文件

10）配置工程属性。如图 1-15 所示，将鼠标移到工程管理窗口的"Target 1"上，单击鼠标右键，再选择"Options for Target 'Target 1'"快捷菜单命令，弹出如图 1-16 所示的目标属性对话框，将"Target"选项卡页面中"Xtal（MHz）"右侧编辑框中的 24.0 修改为 12，即修改晶体振荡器频率为 12 MHz。

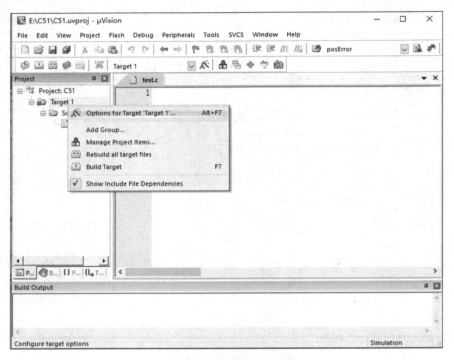

图 1-15　配置工程属性

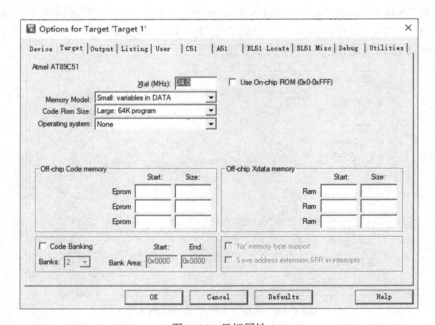

图 1-16　目标属性

11）在如图 1-17 所示"Output"选项卡中，勾选"Create HEX File"复选框，再单击

"OK" 按钮。

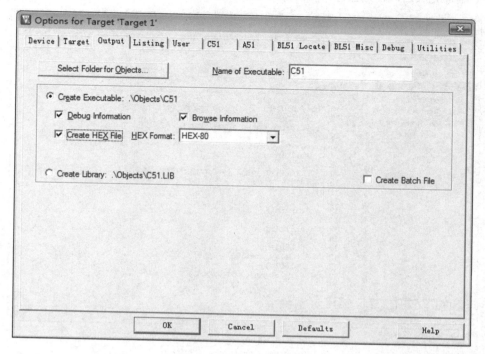

图 1-17 "Output" 选项卡

12）在 test.c 源文件中输入源程序后编译工程。在主界面中，单击"Project"菜单，选择"Build Target"菜单命令（或按快捷键〈F7〉），或单击工具栏中的快捷图标" 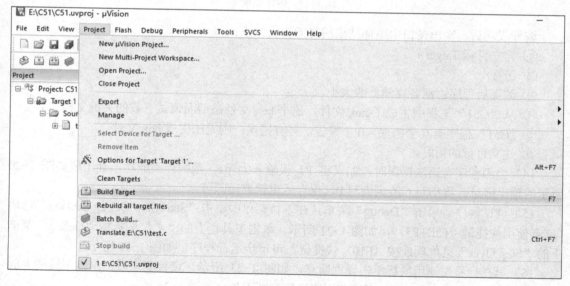 "来进行编译，如图 1-18 所示。

图 1-18 编译工程

13）编译完成后，在输出窗口中查看出现的编译结果信息，如图1-19所示。

图1-19　编译结果

编译成功后，输出窗口中编译结果信息的含义如下：

① 建立目标 Target 1。

② 链接。

③ 编译后程序占据各存储器的大小。

④ 从"C51"工程中生成了 hex 文件，这个 hex 文件是后面调试下载的关键文档。

⑤ "C51"程序有 0 个错误，0 个警告。若有错误，则无法生成 hex 文件。

⑥ 建立目标的用时。

14）当源程序有语法错误时，如误将 P1 误输入为 p1，则编译不成功，会出现如图 1-20 所示的输出信息。将小写 p 改为大写 P，保存后重新编译即可。

15）调试程序。单击"Debug"菜单，在下拉菜单中单击"Start/Stop Debug Session"选项（或者使用快捷键〈Ctrl+F5〉），如图 1-21 所示。单击工具栏上的"⑰"图标或"Debug"菜单下的"Step Over"菜单项或按〈F10〉快捷键，可单步运行程序，如图 1-22 所示。

16）可在行号左侧用鼠标单击设置断点，如图 1-23 所示。设置断点后，单击工具栏上的"⑪"图标或按〈F5〉快捷键，可以使程序运行到断点处，如图 1-24 所示。

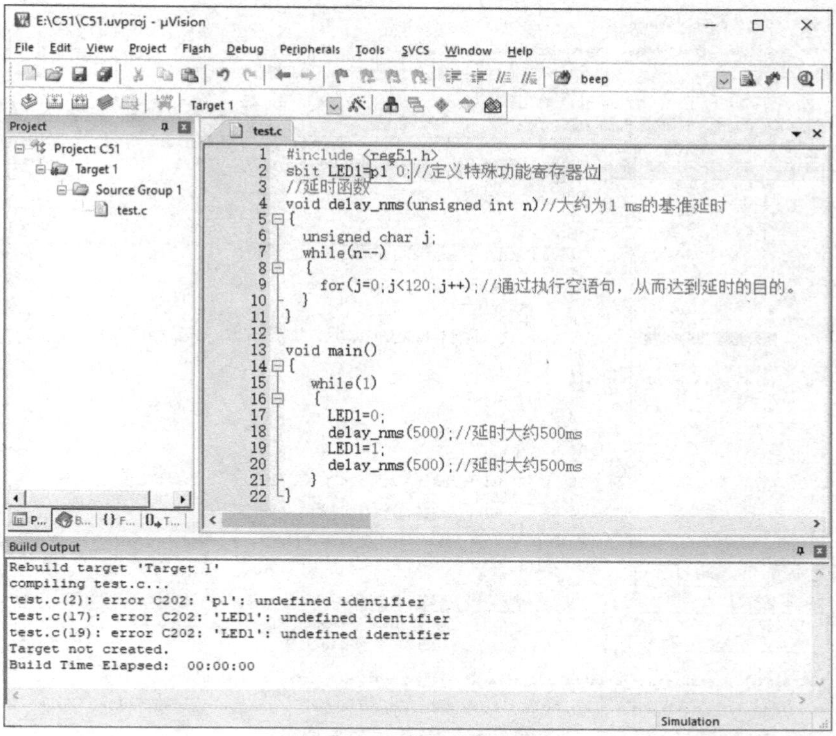

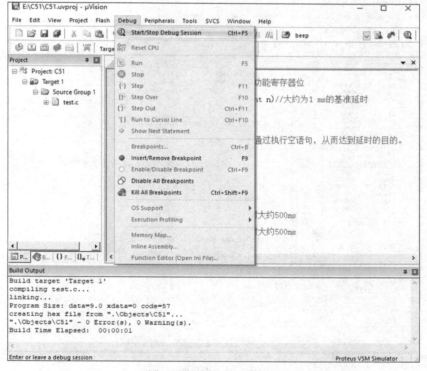

图 1-20　编译不成功输出信息

图 1-21　"Debug"菜单栏

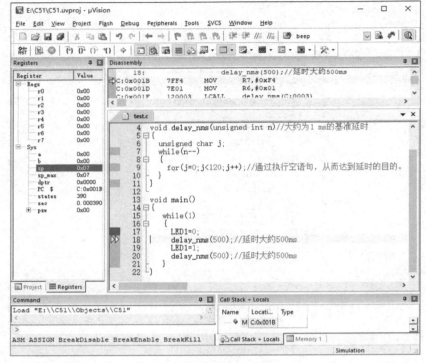

图 1-22 单步运行程序

图 1-23 设置断点

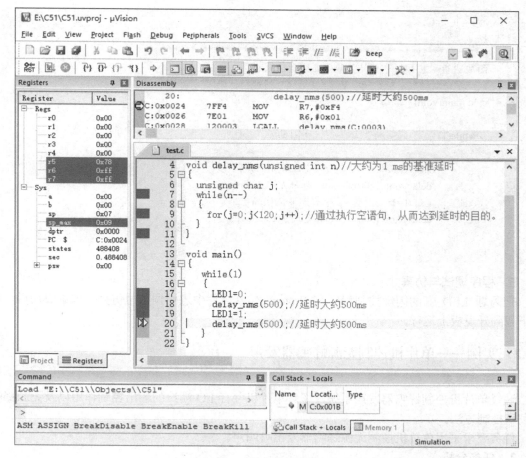

图 1-24　程序运行到断点处

17）再次单击"Debug"菜单，在下拉菜单中单击"Start/Stop Debug Session"选项，退出调试界面。

（3）程序源代码

LED 灯控制程序源代码如下。

```
//1-1.c
//功能：闪烁的 LED 灯控制程序
#include<reg51.h>        //包含单片机寄存器的头文件
sbit LED1=P1^0;          //定义特殊功能寄存器位
/************************************
函数功能：n=1:产生大约 1 ms 的延时
************************************/
void delay_nms(unsigned int n)
{
    unsigned char j;
    while(n--)
    {
        for(j=0;j<120;j++);//通过执行空语句，从而达到延时的目的
```

```
        }
    }
/*****************************************************
函数功能：主函数  （C语言规定必须有也只能有1个主函数）
*****************************************************/
void main(void)
{
    while(1)                    //无限循环
    {
            LED1=0;             // P1.0 输出低电平
            delay_nms (500);    //延时大约 500 ms
            LED1=1;             // P1.0 输出高电平
            delay_nms (500);    //延时大约 500 ms
    }
}
```

5．程序调试与仿真

把闪烁 LED 灯的闪烁控制程序在 Proteus 仿真软件中进行调试与仿真，调试成功后，将其下载到开发板上运行。

1.3.2 实例——单片机控制无源蜂鸣器发声

1．任务要求

通过单片机控制蜂鸣器发声系统，了解单片机并行 I/O 端口的输出控制作用以及无源蜂鸣器发声控制方法。

任务要求采用单片机控制无源蜂鸣器发出鸣叫声。

2．任务分析

蜂鸣器是一种一体化结构的电子讯响器，采用直流电压供电，广泛应用于计算机、打印机、复印机、报警器、电子玩具、汽车电子设备、电话机及定时器等电子产品中作发声器件。蜂鸣器实物如图 1-25 所示，它利用单片机控制蜂鸣器发出声音。

3．硬件设计

用 Proteus 8 绘制的单片机控制无源蜂鸣器原理图如图 1-26 所示，包括单片机、复位电路、时钟电路、电源电路、P1.0 引脚控制 LED 电路及 P3.6 引脚控制的蜂鸣器电路。蜂鸣器主要分为压电式蜂鸣器和电磁式蜂鸣器两种类型，其发声原理是电流通过电磁线圈，使电磁线圈产生磁场来驱动振动膜发声的。无论是压电式蜂鸣器还是电磁式蜂鸣器，都存在有源和无源的区分，这里的"源"不是指电源，而是指振荡源。有源蜂鸣器内部带振荡器，只要一通电就会响，而无源蜂鸣器内部不带振荡源，所以用直流信号驱动它时，不会发出声音，必须用一个方波信号驱动，信号频率一般为 2～5 kHz。由于单片机 I/O 引脚输出电流较小，可以通过一个晶体管来放大输出电流驱动蜂鸣器。蜂鸣器的负极接地，蜂鸣器正极接 PNP 型晶体管 Q1 的集电极，PNP 型晶体管 Q1 的基极经过 R2 后由单片机的 P3.6 引脚控制，当 P3.6 输出高电平时，晶体管 Q1 截止，没有电流流过蜂鸣器；当 P3.6 输出低电平时，晶体管 Q1 导通。通过控制 P3.6 引脚的高低电平，形成振荡源，从而使蜂鸣器发声。

有源蜂鸣器和无源蜂鸣器从外观上看形状相似，可以用万用表电阻档测试：用黑表笔接蜂鸣器"+"引脚，红表笔在另一引脚上来回碰触，如果触发出咔咔声且电阻只有 8Ω（或 16Ω）的是无源蜂鸣器；如果能发出持续声音的，且电阻在几百欧以上的，是有源蜂鸣器。

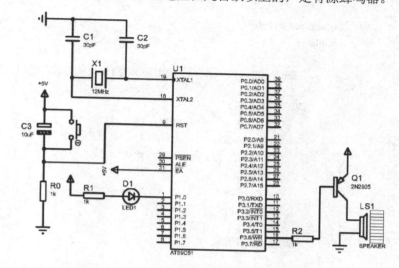

图 1-25　蜂鸣器

图 1-26　51 单片机控制无源蜂鸣器原理图

4. 程序设计

无源蜂鸣器发声控制程序代码如下。

```
//1-2.c
//功能：无源蜂鸣器发声控制程序
#include <reg51.h>          //包含头文件 reg51.h，定义 51 单片机的专用寄存器
sbit FMQ=P3^6;              //定义位名称，控制蜂鸣器
sbit LED1=P1^0;            //定义位名称，控制 LED1 灯

void delay_nms(unsigned int n)
{
    unsigned char j;
    while(n--)
    {
        for(j=0;j<120;j++);   //通过执行空语句，从而达到延时的目的
    }
}


//函数名：delay500 us
//函数功能：实现大约 500 us 的软件延时
//形式参数：无
//返回值：无
void delay500us()
{
    unsigned char j;
    for (j=0;j<60;j++);
}
```

```
void main()                    //主函数
{
    unsigned int t1=0;
    while(1)
    {
            for(t1=0;t1<1000;t1++) //输出频率为 1 kHz 的方波，控制无源蜂鸣器发声
            {
                FMQ=0;
                LED1=0;            //LED1 亮
                delay500us();
                LED1=1;            //LED1 熄灭
                FMQ=1;
                delay500us();
            }
            FMQ=1;
            delay_nms(1000);
    }
}
```

5. 程序调试与仿真

把"单片机控制蜂鸣器发声"程序在 Proteus 仿真软件中进行调试与仿真，调试成功后，将其下载到开发板上运行。

1.4 小结

本任务中介绍了单片机的相关知识和单片机编程语言，让读者了解单片机应用系统的开发流程。

本任务主要有 Keil C51 软件的使用和单片机控制蜂鸣器发声这两个实例项目。前者主要是 Keil C51 软件的使用，涉及新建工程、新建 C 语言源文件、编写 C 语言程序、向工程添加源文件、工程配置、工程编译及生成 hex 文件等。通过编写 C 语言源程序，实现单片机对接在 P1.0 口上的一只 LED 进行闪烁控制。后者通过单片机控制蜂鸣器发声系统的制作，使读者了解单片机并行 I/O 端口的输出控制作用以及蜂鸣器发声控制方法。

通过项目的实施，读者体验到了单片机控制外围设备的方法，了解了单片机硬件系统和软件系统协调工作的过程，从而激发读者学习单片机应用技术的兴趣。

思政小贴士：中兴事件的启示

2018 年 4 月 16 日晚间，美国商务部发布对中兴通信的出口禁令，直到 2025 年 3 月 13 日，美国公司将被禁止向中兴通信销售零部件、商品、软件和技术。中兴产品有大量进口自美国的元器件，尤其是芯片，中兴因此蒙受巨大损失。消息传出后，中兴 A 股、H 股双双停牌，其美国供应商的股票也大幅下跌，最严重的跌了 30% 以上。

这不是美方对中兴的第一次调查，2016 年美方已对中兴有过制裁。此次事件也让我们意识到核心技术受制于人的切肤之痛。《人民日报》就此刊发一则评论"强起来离不开自主创'芯'"，指出面对技术壁垒，不能盲目悲观，应该激发理性自强的心态与能力，通过自力更生

真正掌握核心技术。

　　面对技术壁垒，不能盲目悲观，特别是不能对中国的高科技发展丧失信心。当此之时，应该激发理性自强的心态与能力，通过自力更生真正掌握核心技术。"可以预见，从现在开始，中国将不计成本加大在芯片产业的投入，整个产业将迎来历史性的机遇。"一位投资人如此评论道。确实，如果能够痛定思痛，加快推进互联网和信息产业政策完善和科技体制改革，并产生更强的改革紧迫感、凝聚起更大的改革力量，那就有可能把挑战变成机遇。

　　对互联网和信息产业来说，商业模式的创新固然能够带来流量和财富，但最终比拼的还是核心技术实力；对政府部门而言，应该形成更加有利于创新驱动发展的制度环境，比如说芯片设计具有试错成本高和排错难度大的特点，就需要从更高的层面统合科研力量、实现集中攻关。就像中兴对员工们所说，"任何通往光明未来的道路都不是笔直的"，突破核心技术肯定会带来阵痛，但在关键领域、卡脖子的地方下大功夫，是为了用现在的短痛换来长远的主动权。我们不必为今天的封锁惊慌失措，中国的高科技产业能够克服初期从无到有的困难，也有信心在后期突破核心技术的瓶颈。

　　在保持信心的同时，也不能因遭遇制裁而产生极端偏激的情绪。一方面，中国作为一个大国，在国际贸易体系中有足够的腾挪空间；另一方面，国产通信产业从零起步，如今发展到与世界通信巨头并驾齐驱，并在 5G 时代展现出领跑能力，绝不是得益于自我封闭。我们并不需要把封锁当作"重大利好"来激励"自主研发春天来了"，更不能把扩大开放与自力更生对立起来。面对高科技的技术攻关，封闭最终只能走进死胡同，只有开放合作，道路才能越走越宽。继续扩大开放，努力用好国内外科技资源，在与世界的互利共赢中实现自主创新，这个方向不能动摇。

　　新时代的大学生既不能盲目自大，更不能妄自菲薄，要增强"四个自信"，树立正确的世界观、人生观、价值观，从我做起，勤奋学习，增长才干，努力成为国家、社会、人民的有用之才。

1.5　问题与思考

1. 单项选择题

（1）51 单片机的 CPU 主要由_____、_____组成。

　　A．加法器、寄存器　　　　　　　　B．运算器、控制器

　　C．运算器、加法器　　　　　　　　D．运算器、译码器

（2）Intel 8051 是_____位单片机。

　　A．4　　　　　B．8　　　　　C．16　　　　　D．准 16

（3）程序是以_____形式存放在程序存储器中。

　　A．二进制编码　　B．汇编语言　　C．BCD 码　　　D．C 语言源程序

2. 填空题

（1）单片机应用系统是由_____和_____组成的。

（2）除了单片机和电源外，单片机最小系统包括_____电路和_____电路。

（3）在进行单片机应用系统设计时，除了电源和地引脚外，_____、_____、_____、_____引脚信号必须连接相应电路。

（4）51 单片机的 XTAL1 和 XTAL2 引脚是_____引脚。

3. 问答题

（1）什么是单片机？它由哪几部分组成？

（2）什么是单片机应用系统？

4. 上机操作题

（1）利用单片机控制 8 个发光二极管，设计 8 个灯同时闪烁的控制程序。

（2）利用单片机控制 8 个发光二极管，设计控制程序实现如下亮灭状态。

亮　灭　亮　灭　亮　灭　亮　灭

任务 2　学习单片机硬件系统

2.1　学习目标

2.1.1　任务说明

　　单片机具有集成度与性价比高、体积小等优点，在各领域有不可替代的作用。但其本身不具备开发功能，因此在设计和开发单片机应用系统时，必须借助辅助开发工具。辅助开发工具在硬件方面有在线仿真器和烧写器；在软件支持方面，常用的有 Keil C 和 Proteus 仿真软件。

　　Keil C 的使用在任务 1 里已经介绍，在本任务中，主要学习 Proteus 仿真软件的使用方法。通过 Proteus 和 Keil C 的配合使用，读者对单片机仿真能有初步的了解，从而有助于读者掌握单片机应用系统开发的基本思路、步骤和方法。

2.1.2　知识和能力要求

　知识要求：
- 掌握 AT89S51 的结构组成；
- 熟悉单片机的存储结构；
- 熟悉单片机的输入/输出端口；
- 掌握 Proteus 仿真软件的使用方法。

　能力要求：
- 会用 Proteus 软件绘制电路原理图；
- 会用 Keil C 与 Proteus 软件进行联调，实现电路仿真；
- 综合利用各种仿真软件并结合单片机进行简单系统的开发。

2.2　任务准备

　　如前所述，AT89S5x 的"S"系列机型是 Atmel 公司继 AT89C5x 系列之后推出的新机型，代表性产品为 AT89S51 和 AT89S52。基本型的 AT89C51 与 AT89S51 以及增强型的 AT89C52 与 AT89S52 的硬件结构和指令系统完全相同。使用 AT89C51 单片机的系统，在保留原来软、硬件的条件下，完全可以用 AT89S51 直接代换。与 AT89C5x 系列相比，AT89S5x 系列的时钟频率以及运算速度有了较大的提高，例如，AT89C51 工作频率的上限为 24MHz，而 AT89S51 则为 33MHz。AT89S51 片内集成双数据指针 DPTR、看门狗定时器，具有低功耗空闲工作方式和掉电工作方式。目前，AT89S5x 系列已经逐渐取代 AT89C5x 系列，因此本书以 AT89S5x 系列讲解 51 单片机的相关知识，但 Proteus 仿真软件中没有 AT89S5x 系列单片机，所以仿真时用 AT89C51 单片机。

2.2.1　8051 信号引脚

1. AT89Sx 系列单片机型号说明

随着 AT89 系列单片机的应用越来越广泛，单片机的型号也随之增多，编码也有了一定的规律。AT89 系列单片机的型号编码由 3 个部分组成，即前缀、型号和后缀，格式如下。

AT89CXXXX-xxxx 其中，AT 是前缀，89CXXXX 是型号，xxxx 是后缀。

下面分别对这三个部分进行说明，并且对其中有关参数的表示和意义做相应的解释。

1）前缀由字母"AT"组成，表示该器件是 Atmel 公司的产品。

2）型号由"89CXXXX""89LVXXXX"或"89SXXXX 等表示，8 表示单片。

"89CXXXX"中，9 是表示内部含 Flash 存储器，C 表示为 CMOS 产品；

"89LVXXXX"中，LV 表示低压产品；

"89SXXXX"中，S 表示含有串行下载 Flash 存储器；

在这个部分的"XXXX"表示器件型号数，如 51、1051、8252 等。

3）后缀由"xxxx"4 个参数组成，每个参数的表示和意义不同，型号与后缀之间由"-"隔开。

后缀中的第 1 个参数 x 表示速度，它的意义如下。

x=12，表示速度为 12 MHz；

x=16，表示速度为 16 MHz；

x=20，表示速度为 20 MHz；

x=24，表示速度为 24 MHz。

后缀中的第 2 个参数 x 表示封装，它的意义如下。

x=D，表示陶瓷封装；

x=Q，表示 PQFP 封装；

x=J，表示 PLCC 封装；

x=A，表示 TQFP 封装；

x=P，表示塑料双列直插 DIP 封装；

x=W，表示裸芯片；

x=S，表示 SOIC 封装。

后缀中第 3 个参数 x 表示温度范围，它的意义如下。

x=C，表示商业用产品，温度范围为 0～+70 ℃；

x=I，表示工业用产品，温度范围为-40～+85 ℃；

x=A，表示汽车用产品，温度范围为-40～+125 ℃；

x=M，表示军用产品，温度范围为-55～+150 ℃；

后缀中第 4 个参数 x 用于说明产品的处理情况，它的意义如下。

x 为空，表示处理工艺是标准工艺；

x=/883，表示处理工艺采用 MIL-STD-883 标准。

例如，有一个单片机型号为"AT89C52-12PI"，则表示意义为该单片机是 Atmel 公司的 Flash 单片机，内部是 CMOS 结构，速度为 12 MHz，封装为塑封 DIP，是工业用产品，按标准处理工艺生产。

2. 51 系列单片机（AT89S5x）结构及引脚

（1）AT89S5x 单片机基本特性

1）8 位的 CPU，与通用 CPU 基本相同，同样包括运算器和控制器两大部分，还有面向控制的位处理功能。

2）AT89S51 片内有 128 B 的数据存储器 RAM；AT89S52 片内有 256 B 的数据存储器 RAM。

3）AT89S51 片内有 4 KB 的 Flash 存储器；AT89S52 片内有 8 KB 的 Flash 存储器。

4）4 个 8 位的并行 I/O 口（P0、P1、P2、P3）。

5）1 个全双工串行通信口。

6）3 个 16 位定时器/计数器（T0、T1、T2）。

7）可处理 6 个中断源，两级中断优先级。

（2）AT89S5x 单片机内部结构

AT89S5x 单片机内部结构简图如图 2-1 所示。

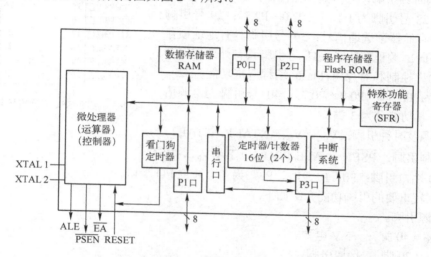

图 2-1　AT89S5x 单片机内部结构简图

AT89S5x 与 51 系列各种型号芯片的引脚互相兼容。目前采用 40 引脚的双列直插式或 PLCC（Plastic Leaded Chip Carrier，塑封有引线芯片载体）封装，如图 2-2 所示。

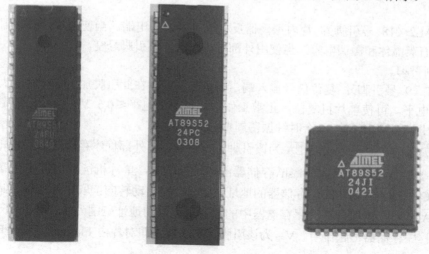

图 2-2　AT89S5x 系列各种型号芯片的引脚封装

AT89S5x 双列直插封装形式的引脚如图 2-3 所示。

下面按照引脚序号对双列直插式 AT89S5x 单片机的各个引脚做一个总体介绍。1～8 号引脚为 P1 口（P1.0～P1.7），在串行编程和校验时，MOSI/P1.5、MISO/P1.6 和 SCK/P1.7 分别是串行数据输入、输出和移位脉冲引脚，可以实现在线编程功能，即 AT89S5x 芯片可以在 PCB 上直接下载程序，无须将芯片取下来放到编程器去写程序，从而提高使用的灵活性；9 号引脚为复位引脚；10～17 号引脚为 P3 口（P3.0～P3.7）；18 号、19 号引脚为时钟引脚，外接晶体振荡器；20 号引脚为电源地；21～28 号引脚为 P2 口（P2.0～P2.7）；29 号引脚为片外程序存储器读选通信号；30 号引脚具有地址锁存和对片内 Flash 编程双功能；31 号引脚具有外部程序存储器访问允许控制和对片内 Flash 编程双重功能；32～39 号引脚为 P0 口（P0.0～P0.7）；40 号引脚为电源信号。引脚按其功能分为 3 类。

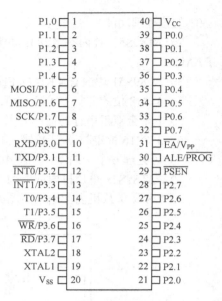

图 2-3 AT89S5x 双列直插封装形式引脚

1）电源及时钟引脚：V_{CC}、V_{SS}、XTAL1、XTAL2。

2）控制引脚：$\overline{PSEN}$、$ALE/\overline{PROG}$、$\overline{EA}/V_{PP}$、RST。

3）I/O 端口引脚：P0、P1、P2、P3，为 4 个 8 位 I/O 端口。

其中比较重要的引脚功能介绍如下。

1）电源引脚。

① V_{CC}（40 脚）：+5 V 电源。

② V_{SS}（20 脚）：接地引脚。

2）时钟引脚。

① XTAL1（19 号引脚）：片内振荡器反相放大器和时钟发生器的输入端。用作片内振荡器时，该引脚接外部石英晶体和微调电容。当外接时钟源时，该引脚接外部时钟振荡器的信号。

② XTAL2（18 号引脚）：片内振荡器反相放大器的输出端。当使用片内振荡器时，该引脚连接外部石英晶体和微调电容。当使用外部时钟源时，该引脚悬空。

3）控制引脚。

① RST（9 号引脚）：复位信号输入端，高电平有效。在此引脚加上持续时间大于两个机器周期的高电平，可使单片机复位。正常工作时，该引脚电平≤0.5 V。当看门狗定期器溢出输出时，该引脚将输出长达 96 个时钟振荡周期的高电平。

② $\overline{EA}/V_{PP}$（31 号引脚）：$\overline{EA}$ 为该引脚第一功能，即外部程序存储器访问允许控制端。$\overline{EA}$ =1，在 PC 值不超过片内 Flash 存储器的地址范围时，单片机读片内程序存储器中的程序；而当 PC 值超出片内 Flash 存储器的地址范围时，将自动转向读取片外程序存储器空间中的程序。$\overline{EA}$ =0，只读取外部程序存储器中的内容，读取的地址范围为 0x0000～0xFFFF，片内的 Flash 程序存储器不起作用。V_{PP} 为该引脚第二功能，即对片内 Flash 进行编程时，V_{PP} 引脚接编程电压。

引脚功能总结如下。

- V_{CC}、V_{SS}：电源端；
- XTAL1、XTAL2：片内振荡电路输入、输出端；
- RST：复位端，正脉冲有效（宽度>10 ms）；
- $\overline{EA}/V_{pp}$：寻址外部 ROM 控制端。低电平有效，片内有 ROM 时应当接高电平。
- $ALE/\overline{PROG}$：地址锁存允许控制端；
- $\overline{PSEN}$：选通外部 ROM 的读控制端，低电平有效。

2.2.2 单片机最小系统电路

V_{CC}、V_{SS}、XTAL1、XTAL2、RST、$\overline{EA}$ 这 6 个引脚接线正确后，便形成了单片机能够工作的最小系统，最小系统包括时钟和复位电路，通常称为单片机最小系统电路。时钟电路为单片机工作提供基本时钟，复位电路用于将单片机内部各电路的状态恢复到初始值。图 2-4 为典型的单片机最小系统电路。

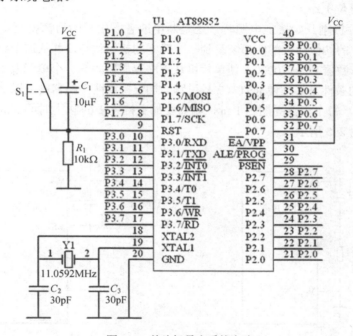

图 2-4　单片机最小系统电路

在 51 单片机内部有一个高增益反相放大器，其输入端引脚为 XTAL1，输出端引脚为 XTAL2。只要在 XTAL1 和 XTAL2 之间跨接晶体振荡器和微调电容，就可以构成一个稳定的自激振荡器。一般地，电容 C_2 和 C_3 取 30 pF 左右。晶体振荡器简称晶振，振荡频率越高，系统的时钟频率也越高，则单片机运行速度也就越快。通常情况下，使用振荡频率为 12 MHz 的晶振。如果系统中使用了单片机的串行口通信，则一般采用振荡频率为 11.0592 MHz 的晶振。

（1）时序

关于 51 单片机的时序概念有 4 个，从小到大依次是节拍、状态、机器周期和指令周期，下面分别加以说明。

1）节拍。把振荡脉冲的周期定义为节拍（也称时钟周期），用 P 表示，P=1/f_{osc}，其中 f_{osc} 为晶振的振荡频率。

2）状态。将振荡频率 f_{osc} 经过二分频后的周期定义为状态，用 S 表示，S=2/f_{osc}。一个状态包含两个节拍，其前半周期对应的节拍称为 P1，后半周期对应的节拍称为 P2。

3）机器周期。51 单片机采用定时控制方式，有固定的机器周期。规定一个机器周期的宽度为 6 个状态，即 12 个振荡脉冲周期，因此机器周期就是振荡脉冲的十二分频。当振荡脉冲频率为 12 MHz 时，一个机器周期为 1 μs；当振荡脉冲频率为 6 MHz 时，一个机器周期为 2 μs。

4）指令周期。指令周期是最大的时序定时单位，将执行一条指令所需要的时间称为指令周期。它一般由若干个机器周期组成。不同的指令，所需要的机器周期数也不同。通常，将包含一个机器周期的指令称为单周期指令，包含两个机器周期的指令称为双周期指令，依次类推。

（2）单片机复位电路

无论是在单片机刚开始接上电源时，还是断电或者发生故障后都要复位。单片机复位是使 CPU 和系统中的其他功能部件都恢复到一个确定的初始状态，并从这个状态开始工作，例如，复位后程序计数器 PC=0x0000，使单片机从程序存储器的第一个单元取指令执行。

单片机复位的条件是必须使 RST（9 号引脚）加上持续两个机器周期以上的高电平。若时钟频率为 12 MHz，每个机器周期为 1 μs，则需要加上持续 2 μs 以上时间的高电平。单片机常见的复位电路如图 2-5 所示。

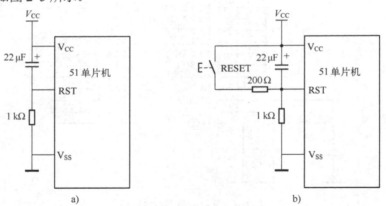

图 2-5　复位电路

a) 上电复位电路　b) 按键复位电路

图 2-5a 为上电复位电路。它利用电容充电来实现复位，在接电瞬间，RST 端的电位与 V_{CC} 相同，随着充电电流的减少，RST 的电位逐渐下降。只要保证 RST 为高电平的时间大于两个机器周期，便能正常复位。

图 2-5b 为按键复位电路。该电路除具有上电复位功能外，还可以按图 2-5b 中的 RST 键实现复位，此时电源 V_{CC} 经两个电阻分压，在 RST 端产生一个复位高电平。

复位后，单片机内部的各特殊功能寄存器的状态见表 2-1。

表 2-1　单片机各特殊功能寄存器复位状态

特殊功能寄存器	复位状态	特殊功能寄存器	复位状态
PC	0000H	ACC	00H
B	00H	PSW	00H
SP	07H	DPTR	0000H
P0～P3	FFH	IP	***00000B
TMOD	00H	IE	0**00000B
TH0	00H	SCON	00H
TL0	00H	SBUF	不确定
TH1	00H	PCON	0***0000B
TL1	00H	TCON	00H

说明：*表示无关位。H 是十六进制数扩展名，B 是二进制数扩展名。

2.2.3　单片机的存储器结构

MCS-51 单片机的存储器组织结构与一般微机不同，一般微机通常是程序和数据共用一个存储空间，属于冯·诺依曼结构，MCS-51 单片机把程序存储器空间和数据存储器空间相互分离开来，属于哈佛型结构。AT89S5x 单片机的存储器组织分为 3 个不同的存储地址空间：64 KB 的程序存储器地址空间（包括片内 ROM 和片外 ROM）、64 KB 的外部数据存储器地址空间及 256 B 的内部数据存储器地址空间（其中高 128 B 为特殊功能寄存器占用）。

MCS-51 器件有单独的程序存储器和数据存储器。外部程序存储器和数据存储器都可以 64 KB 范围内寻址。对于 AT89S52，如果 $\overline{EA}$ 接 V_{CC}，程序读写先从内部存储器（地址为 0000H～1FFFH）开始，接着从外部寻址，寻址地址为 0x2000～0xFFFF；如果 $\overline{EA}$ 引脚接地，程序读取只从外部存储器开始。

本节以 8051 为代表来说明 51 单片机的存储器结构。8051 存储器主要有 4 个物理存储空间，即片内数据存储器（DATA 区）、片外数据存储器（XDATA 区）、片内程序存储器和片外程序存储器（程序存储器合称为 CODE 区）

1. 片内数据存储器

（1）内部数据存储器低 128 字节

片内数据存储器低 128 字节用于存放程序执行过程中的各种变量和临时数据，称为 DATA 区。表 2-2 给出了低 128 字节的配置情况。

表 2-2　片内数据存储器低 128 字节的配置

序　号	区　域	地　址	功　能
1	工作寄存器区	0x00～0x07	第 0 组工作寄存器（R0～R7）
		0x08～0x0F	第 1 组工作寄存器（R0～R7）
		0x10～0x17	第 2 组工作寄存器（R0～R7）
		0x18～0x1F	第 3 组工作寄存器（R0～R7）
2	位寻址区	0x20～0x2F	位寻址区，位地址为 0x00～0x7F
3	用户 RAM 区	0x30～0x7F	用户数据缓冲区

由表 2-2 可见，片内 RAM 的低 128 字节是单片机真正 RAM 存储器，按其用途划分为工

作寄存器、位寻址区和用户数据缓冲区 3 个区域。

（2）内部数据存储器高 128 字节

内部 RAM 的高 128 字节地址为 0x80～0xFF，是供给特殊功能寄存器（Special Function Register，SFR）使用的。表 2-3 给出了 51 单片机特殊功能寄存器地址。需要说明的是，AT89S52 有 256 B 片内数据存储器。高 128 字节与特殊功能寄存器重叠。也就是说，高 128 字节与特殊功能寄存器有相同的地址，而物理上是分开的。当一条指令访问高于 7FH 的地址时，其寻址方式决定 CPU 访问高 128 字节 RAM 还是特殊功能寄存器空间。直接寻址方式访问特殊功能寄存器（SFR）。

表 2-3 51 单片机特殊功能寄存器地址

SFR	名　　称	MSB		位地址/位定义				LSB		字节地址
B	B 寄存器	F7	F6	F5	F4	F3	F2	F1	F0	F0
ACC	累加器	E7	E6	E5	E4	E3	E2	E1	E0	E0
PSW	程序状态字寄存器	D7	D6	D5	D4	D3	D2	D1	D0	D0
		CY	AC	F0	RS1	RS0	OV	F1	P	
IP	中断优先级控制寄存器	BF	BE	BD	BC	BB	BA	B9	B8	B8
		—	—	—	PS	PT1	PX1	PT0	PX0	
P3	P3 口寄存器	B7	B6	B5	B4	B3	B2	B1	B0	B0
		P3.7	P3.6	P3.5	P3.4	P3.3	P3.2	P3.1	P3.0	
IE	中断允许控制寄存器	AF	AE	AD	AC	AB	AA	A9	A8	A8
		EA	—	—	ES	ET1	EX1	ET0	EX0	
P2	P2 口寄存器	A7	A6	A5	A4	A3	A2	A1	A0	A0
		P2.7	P2.6	P2.5	P2.4	P2.3	P2.2	P2.1	P2.0	
SBUF	串行发送数据缓冲器									99
SCON	串行控制寄存器	9F	9E	9D	9C	9B	9A	99	98	98
		SM0	SM1	SM2	REN	TB8	RB8	TI	RI	
P1	P1 口寄存器	97	96	95	94	93	92	91	90	90
		P1.7	P1.6	P1.5	P1.4	P1.3	P1.2	P1.1	P1.0	
TH1	定时器/计数器 1（高字节）									8D
TH0	定时器/计数器 0（高字节）									8C
TL1	定时器/计数器 1（低字节）									8B
TL0	定时器/计数器 0（低字节）									8A
TMOD	定时器/计数器方式控制	GATE	C/T	M1	M0	GATE	C/T	M1	M0	89
TCON	定时器/计数器控制寄存器	8F	8E	8D	8C	8B	8A	89	88	88
		TF1	TR1	TF0	TR0	IE1	IT1	IE0	IT0	
PCON	电源控制寄存器	SMOD	—	—	—	—	—	—	—	87
DPH	数据指针高字节									83
DPL	数据指针低字节									82
SP	堆栈指针									
P0	P0 口寄存器	87	86	85	84	83	82	81	80	80
		P0.7	P0.6	P0.5	P0.4	P0.3	P0.2	P0.1	P0.0	

由表 2-3 可见，有 21 个可寻址的特殊功能寄存器，它们不连续地分布在片内 RAM 的高 128 个单元中，尽管其中还有许多空闲地址，但用户不能使用。另外还有一个不可寻址的专用寄存器，即程序计数器 PC，它不占据 RAM 单元，在物理上是独立的。

在可寻址的 21 个特殊功能寄存器中，有 11 个寄存器不仅能以字节寻址，也能以位寻址。表 2-3 中，凡十六进制字节地址末位为 0 或 8 的寄存器都是可以进行位寻址的寄存器。在单片机的 C 语言程序设计中，可以通过关键字 sfr 来定义所以特殊功能寄存器，从而在程序中直接访问它们，例如：

sfr P1=0x90; //特殊功能寄存器 P1 的地址是 0x90，对应 P1 口的 8 个 I/O 引脚

有了上述定义后，就可以在程序中直接使用 P1 这个特殊功能寄存器了，下面的语句是合法的：

P1=0x00; //将 P1 口的 8 位 I/O 端口全部清零

在 C 语言中，还可以通过关键字 sbit 来定义特殊功能寄存器中的可寻址位，如下面的语句定义 P1 口的第 0 位：

sbit P1_0=P1^0;

在通常情况下，这些特殊功能寄存器已经在头文件 reg5X.h 中定义了，只要在程序中包含了该头文件，就可以直接使用已定义的特殊功能寄存器。X 为 1 或 2，对于 AT89S51 单片机，则对应的头文件为 reg51.h；对于 AT89S52 单片机，则对应的头文件为 reg52.h。若没有头文件 reg5X.h，或者该头文件中只定义了部分特殊功能寄存器，用户也可以在程序中自行定义。

2. 片外数据存储器

8051 单片机最多可扩充片外数据存储器（片外 RAM）64 KB，称为 XDATA 区。片外数据存储器可以根据需要进行扩展，当需要扩展存储器时，低 8 位地址 A7～A0 和 8 位数据 D7～D0 由 P0 口分时传送，高 8 位地址 A15～A8 由 P2 口传送。

3. 程序存储器

51 单片机的程序存储器用来存放编制好的程序和程序执行过程中不会改变的原始数据。程序存储器结构如图 2-6 所示。

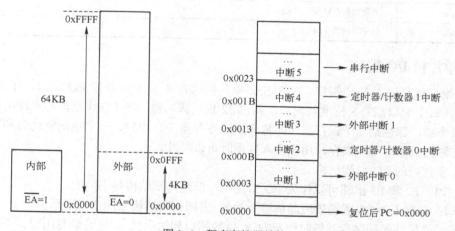

图 2-6　程序存储器结构

8031 片内无程序存储器，8051 片内有 4 KB 的 ROM，8751 片内有 4 KB 的 EPROM，AT89S51 片内有 4 KB 的 Flash ROM，AT89S52 片内有 8KB 的 Flash ROM。51 单片机片外最多能扩展 64 KB 的程序存储器，片内外的 ROM 是统一编址的。以 AT89S51 单片机为例，若 $\overline{EA}$ 保持高电平，则程序计数器 PC 在 0x0000～0x0FFF 地址范围内（即前 4 KB 地址）时，执行片内 ROM 中的程序；若 PC 在 0x1000～0xFFFF 地址范围内时，则自动执行片外程序存储器中的程序。若 $\overline{EA}$ 保持低电平，则执行寻址外部程序存储器，片外存储器可以从 0x0000 开始编址。

程序存储器中有一组特殊单元 0x0000～0x0002。系统复位后，PC=0x0000，表示单片机从 0x0000 单元开始执行程序。另外一组特殊单元为 0x0003～0x002A，共 40 个单元。这 40 个单元被均匀地分为 5 段，作为以下 5 个中断源的中断程序入口地址区。

0x0003～0x000A：外部中断 0 中断地址区；

0x000B～0x0012：定时器/计数器 0 中断地址区；

0x0013～0x001A：外部中断 1 中断地址区；

0x001B～0x0022：定时器/计数器 1 中断地址区；

0x0023～0x002A：串行口中断地址区。

需要说明的是，在单片机 C 语言程序设计中，用户无须考虑程序的存放地址，编译程序会在编译过程中按照上述规定，自动安排程序的存放地址。例如，C 语言是从 main() 函数开始执行的，编译程序会在程序存储器的 0x0000 处自动存放一条转移指令，跳转到 main() 函数存放的地址；中断函数也会按照中断类型号，自动由编译程序安排存放在程序存储器相应的地址中。因此，用户只需了解程序存储器的结构就可以了。单片机的存储器结构包括 4 个物理存储空间，C51 编译器对这 4 个物理存储空间都支持。常见的 C51 编译器支持的存储器类型见表 2-4。

表 2-4　C51 编译器支持的存储器类型

存储器类型	描　　述
data	直接访问内部数据存储器，允许最快访问（128 B）
bdata	可位寻址内部数据存储器，允许位与字节混合访问（16 B）
idata	间接访问内部数据存储器，只有 52 系列单片机才有此区（128 B）
pdata	"分页"外部数据存储器（256 B）
xdata	外部数据存储器（64 KB）
code	程序存储器（64 KB）

2.2.4　单片机 I/O 端口

I/O 端口就是输入/输出端口。AT89S5x 单片机拥有 4 个 8 位并行 I/O 端口，即 P0、P1、P2 和 P3，每个端口都是 8 位准双向口，共占 32 根引脚，每一条 I/O 线都能独立地用作输入或输出，每个端口都包括一个锁存器（即特殊功能寄存器 P0～P3）、一个输出驱动器和输入缓冲器，用作输出数据时可以锁存，用作输入数据时可以缓冲。

（1）单片机的 I/O 引脚结构

P0、P1、P2 和 P3 虽然可以作为 I/O 口使用，但是内部结构是不同的。

P0 口：双向 I/O（内置场效应晶体管上拉），内部电路结构如图 2-7 所示。

作用：寻址外部程序存储器时作双向 8 位数据口和输出低 8 位地址复用口。不接外部程序存储器时可作为 8 位准双向 I/O 口用。

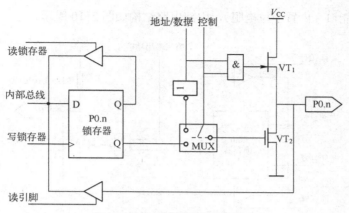

图 2-7　P0 口某位的位电路结构

P1 口：是准双向 I/O 口（内置上拉电阻），内部电路结构如图 2-8 所示。

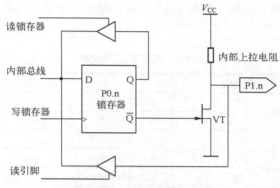

图 2-8　P1 口某位的位电路结构

输出时正常，在作输入口用时要先对它写"1"，为准双向口　（在读数据之前，先要向相应的锁存器进行写 1 操作的 I/O 口称为准双向口）。

P2 口：双向 I/O　（内置上拉电阻），内部电路结构如图 2-9 所示。

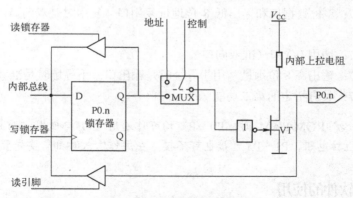

图 2-9　P2 口某位的位电路结构

作用：寻址外部程序存储器时作输出高 8 位地址用口。不接外部程序存储器时可作为 8 位准双向 I/O 口。

P3 口：双功能口（内置上拉电阻），内部电路结构如图 2-10 所示。

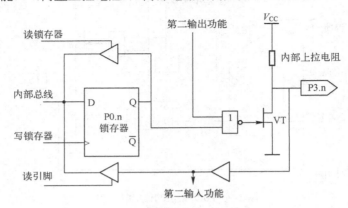

图 2-10　P3 口某位的位电路结构

作用：具有特定的第二功能（见表 2-5）。在不使用它的第二功能时它就是普通的通用准双向 I/O 口。

表 2-5　P3 口第二功能表

第一功能	第二功能	第二功能信号名称
P3.0	RXD	串行数据接收
P3.1	TXD	串行数据发送
P3.2	$\overline{INT0}$	外部中断 0 申请
P3.3	$\overline{INT1}$	外部中断 1 申请
P3.4	T0	定时器/计数器 0 的外部输入
P3.5	T1	定时器/计数器 1 的外部输入
P3.6	$\overline{WR}$	外部 RAM 或外部 I/O 写选通
P3.7	$\overline{RD}$	外部 RAM 或外部 I/O 读选通

总结：

- P0.0～P0.7：8 位数据口和输出低 8 位地址复用口（复用时是双向口；不复用时是准双向口）。
- P1.0～P1.7：通用 I/O 口（准双向口）。
- P2.0～P2.7：输出高 8 位地址（用于寻址时是输出口；不寻址时是准双向口）。
- P3.0～P3.7：具有特定的第二功能（准双向口）。

注意：在不外扩 ROM/RAM 时，P0～P3 均可作通用 I/O 口使用，而且都是准双向 I/O 口。P0 口需外接上拉电阻，P1～P3 可接也可不接。在用作输入时都需要先置"1"。

2.2.5　Proteus 软件的使用

Proteus 是英国 Labcenter Electronics 公司研发的多功能 EDA 软件，具有功能很强的智能原理图输入系统（ISIS），有非常友好的人机互动窗口界面；有丰富的操作菜单与工具。

在 ISIS 编辑区中，能方便地完成单片机系统的硬件设计、软件设计、单片机源代码级调试与仿真。

Proteus 有 30 多个元器件库，拥有数千种元器件仿真模型；有形象生动的动态器件库、外设库；特别是有从 8051 系列 8 位单片机直至 ARM7 32 位单片机的多种单片机类型库。支持的单片机类型有 68000 系列、8051 系列、AVR 系列、PIC12 系列、PIC16 系列、PIC18 系列、Z80 系列、HC11 系列以及各种外围芯片。它们是单片机系统设计与仿真的基础。

Proteus 有多达 10 余种的信号激励源、10 余种虚拟仪器（如示波器、逻辑分析仪、信号发生器等）；可提供软件调试功能，即具有模拟电路仿真、数字电路仿真、单片机及其外围电路组成系统的仿真、RS232 动态仿真、I^2C 调试器、SPI 调试器、键盘和 LCD 系统仿真的功能；还有用来精确测量与分析的 Proteus 高级图表仿真（ASF）。它们构成了单片机系统设计与仿真的完整的虚拟实验室。Proteus 同时支持第三方的软件编译和调试环境，如 Keil C51 μVision 等软件。

Proteus 还有使用极方便的印制电路板高级布线编辑软件（PCB）。特别指出，Proteus 库中数千种仿真模型是依据生产企业提供的数据来建模的，因此，Proteus 设计与仿真极其接近实际。目前，Proteus 已成为流行的单片机系统设计与仿真平台，应用于各个领域中。

实践证明，Proteus 是单片机应用产品研发的灵活、高效、正确的设计与仿真平台，它明显提高了研发效率，缩短了研发周期，节约了研发成本。

Proteus 的问世，刷新了单片机应用产品的研发过程。

（1）单片机应用产品的传统开发

单片机应用产品的传统开发过程一般可分为 3 步。

1）单片机系统原理图设计、选择、购买元器件和接插件，安装和电气检测等（简称硬件设计）。

2）进行单片机系统程序设计、调试、汇编编译等（简称软件设计）。

3）单片机系统在线调试、检测，实时运行直至完成（简称单片机系统综合调试）。

（2）单片机应用产品的 Proteus 开发

1）在 Proteus 平台上进行单片机系统电路设计，选择元器件、接插件，连接电路和电气检测等（简称 Proteus 电路设计）。

2）在 Proteus 平台上进行单片机系统源程序设计、编辑、汇编编译、调试，最后生成目标代码文件（*.hex）（简称 Proteus 软件设计）。

3）在 Proteus 平台上将目标代码文件加载到单片机系统中，并实现单片机系统的实时交互、协同仿真（简称 Proteus 仿真）。

4）仿真正确后，制作、安装实际单片机系统电路，并将目标代码文件（*.hex）下载到实际单片机中运行、调试。若出现问题，可与 Proteus 相互配合调试，直至运行成功（简称实际产品安装、运行与调试）。

Proteus 是一款运行于 Windows 操作系统上，可以仿真、分析（SPICE）各种模拟器件和集成电路的电路分析与实物仿真软件，是目前较好的仿真单片机及外围器件的工具。

下面以点亮一个发光二极管为例，简单介绍 Proteus 的使用。本书使用的 Proteus 版本是 Proteus 8.9 Professional。

1）运行 Proteus 8.9，出现如图 2-11 所示界面。

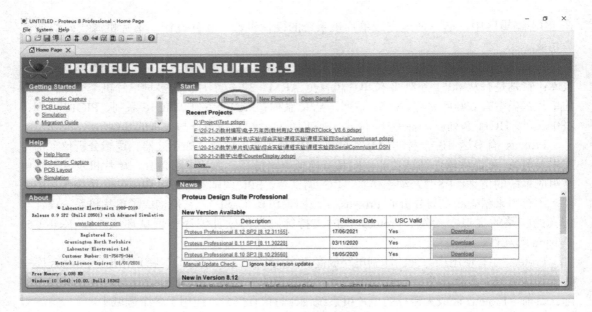

图 2-11　初始界面

2）单击"File"菜单下的"New Project"选项，或者直接单击图 2-11 所示椭圆形框处的"New Project"，出现如图 2-12 所示界面。

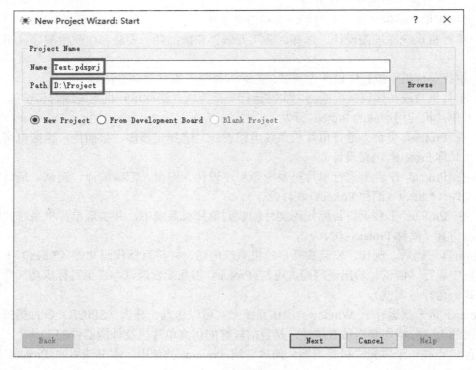

图 2-12　新工程向导：开始

建议修改工程名字和工程路径，当然也可以采用默认的工程名字和工程路径。

3）单击"Next"按钮后，出现如图 2-13 所示界面。

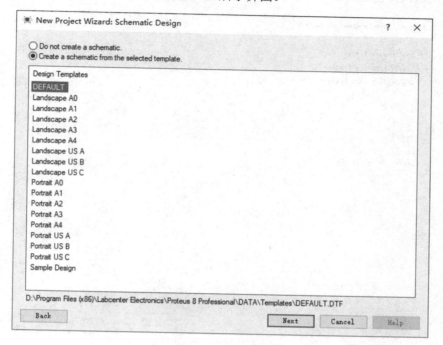

图 2-13 新工程向导：原理图设计

4）采用默认设置，单击"Next"按钮后，出现如图 2-14 所示界面。

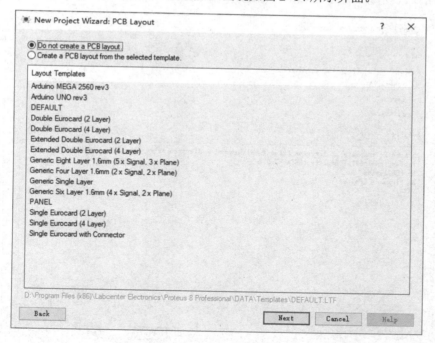

图 2-14 新工程向导：PCB 布局

5）采用默认设置，单击"Next"按钮后，出现如图 2-15 所示界面。

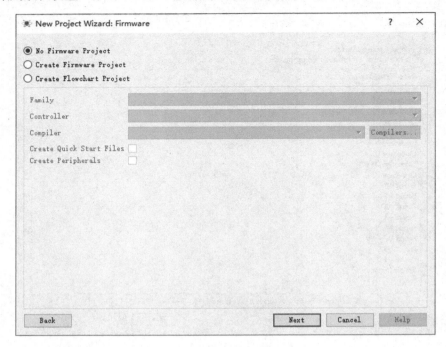

图 2-15　新工程向导：固件

6）采用默认设置，单击"Next"按钮后，出现如图 2-16 所示界面。

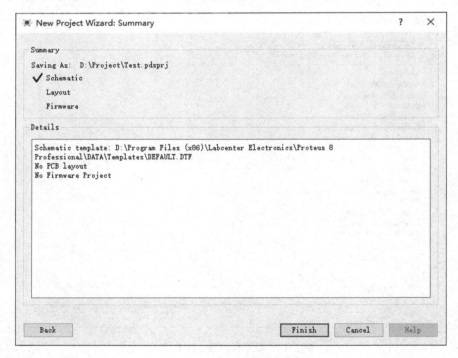

图 2-16　新工程向导：概要

7）单击"Finish"按钮后，出现如图 2-17 所示界面。

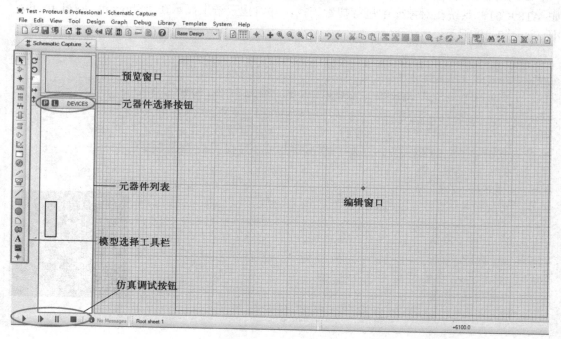

图 2-17　Proteus 主界面

接下来绘制一个简单的电路图。在实验中需要的元件有单片机 AT89C51（Microprocessor AT89C51）、晶振（CRYSTAL）、电容（CAPACITOR）、电阻（RESISTOR）及发光二极管（LED-BIBY）。

1）将所需元器件加入对象选择器窗口。单击元器件选择按钮""，出现如图 2-18 所示界面。

图 2-18　选择元器件界面

2）在图 2-18 所示界面的"Keywords"下方的编辑框中输入要选取的元器件的关键字，如 AT89C51，系统在对象库中进行搜索查找，并将搜索结果显示在"Showing local results"中，如图 2-19 所示。

图 2-19　输入 AT89C51 后选择元器件界面

3）在"Showing local results"栏的列表项中，选择"AT89C51"，双击"AT89C51"，则可将"AT89C51"添加至对象选择器窗口，如图 2-20 所示。

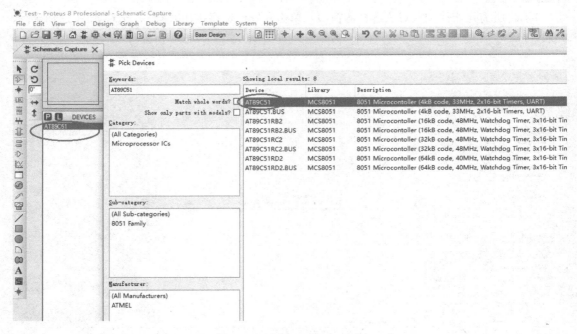

图 2-20　选择 AT89C51 元件

4）用同样的方法分别在"Keywords"下方的编辑框中输入 CAP、CRYSTAL、LED-BIBY、RES 等后，双击"Showing local results"栏中相应的列表项将元器件添加到对象选择器窗口中，如图 2-21～图 2-24 所示。输入的名称是元器件的英文名称，不一定要输入完整的名称，输入相应关键字能找到对应的元器件即可。

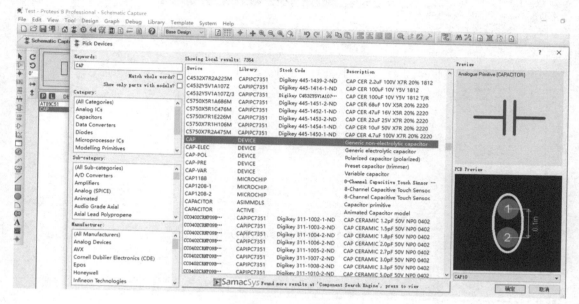

图 2-21　选择 CAP 元件

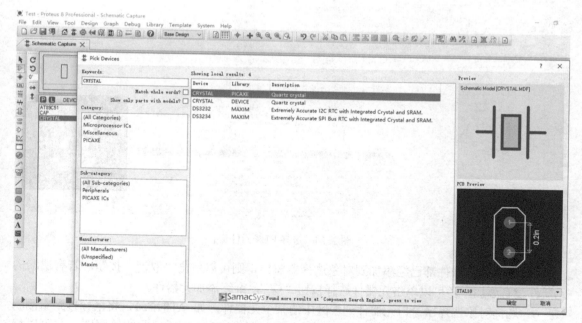

图 2-22　选择 CRYSTAL 元件

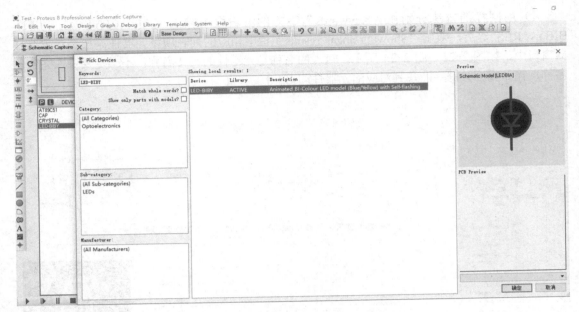

图 2-23　选择 LED-BIBY 元件

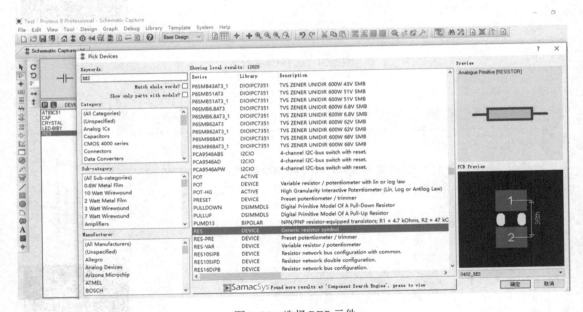

图 2-24　选择 RES 元件

　　5）若所有元器件都已经添加到对象选择器窗口，则可以单击"取消"按钮。若有遗漏的元器件没有添加，还可以单击元器件选择按钮"🅟"，继续添加元器件。

　　6）选择对象选择器窗口元器件列表区中的某个元器件，如 AT89C51，将鼠标移到右侧编辑窗口中，鼠标变成铅笔形状，单击左键，出现一个 AT89C51 原理图的轮廓图，并可以移动，如图 2-25 所示。

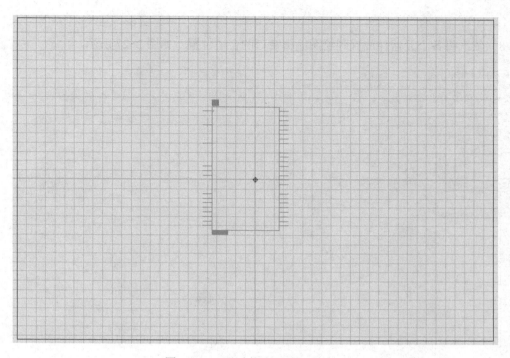

图 2-25　可移动的 AT89C51 轮廓图

7）鼠标移到合适的位置后，单击鼠标左键，AT89C51 就放好了，如图 2-26 所示。可利和鼠标滚轮来放大或缩小原理图。

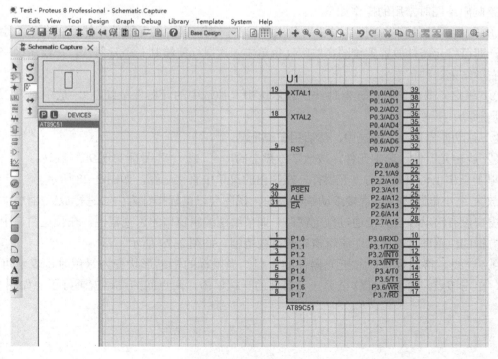

图 2-26　放置好 AT89C51 的原理图

8）依次将各个元器件放置到绘图编辑窗口的合适位置，如图 2-27 所示。

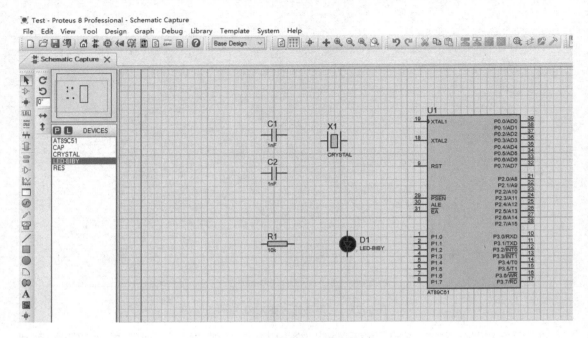

图 2-27　放置好各元器件的原理图

绘制电路图时常用的操作如下。

① 放置元器件到绘图区。单击对象选择器窗口列表区中的元器件，然后在右侧的绘图区单击，即可将元器件放置到绘图窗口区（每单击一次鼠标就绘制一个元器件，在绘图区空白处单击右键结束这种状态）。

② 删除元器件。右击元器件一次表示选中（被选中的元器件呈红色），选中后再一次右击则是删除。

③ 移动元器件。右击选中，然后用左键拖动。

④ 旋转元器件。选中元件，按数字键盘上的"+"或"-"号能实现 90°旋转。

以上操作也可以直接右击元器件，在弹出的菜单中直接选择，如图 2-28 所示。

放大/缩小电路视图可直接滚动鼠标滚轮，视图会以鼠标指针为中心进行放大/缩小；绘图编辑窗口没有滚动条，只能通过预览窗口来调节绘图编辑窗口的可视范围。在预览窗口中移动绿色方框的位置即可改变绘图编辑窗口的可视范围，如图 2-29 所示。

9）连线。将鼠标指针靠近元器件的一端，当鼠标的铅笔形状变为绿色时，表示可以连线了，单击该点，再将鼠标移至另一元器件的一端单击，两点间的线路就画好了，如图 2-30 所示。

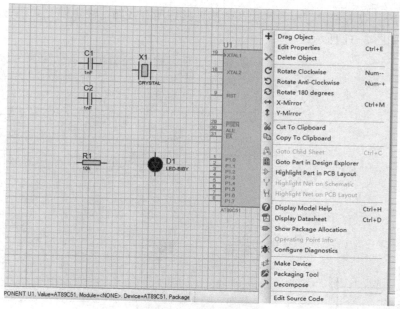

图 2-28　元器件右键菜单

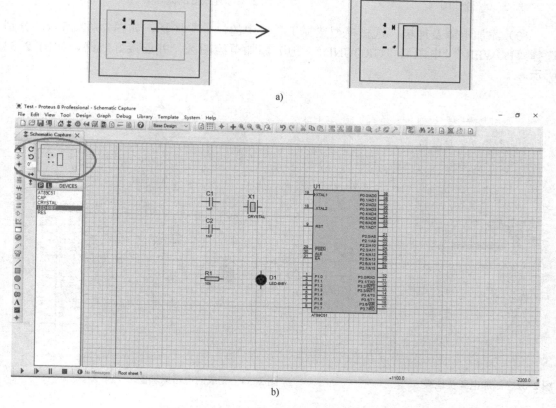

a)

b)

图 2-29　通过预览窗口调节绘图编辑窗口

靠近连线后，双击右键可删除连线，依次连接好所有线路（注意发光二极管的方向），连线好的原理图如图 2-31 所示。

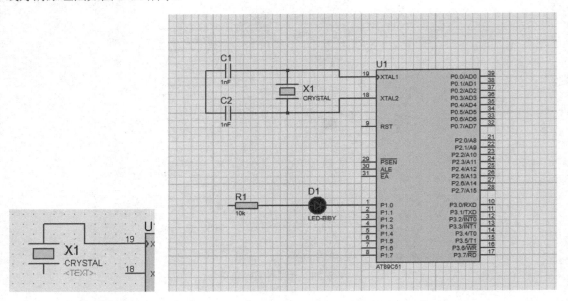

图 2-30 连线图　　　　　　　　　　　　　图 2-31 连线好的原理图

10）添加电源及地极。选择模型选择工具栏中的"⬛"图标，如图 2-32 所示。分别选择"POWER"（电源）、"GROUND"（地）添加至绘图区，并连接好线路，如图 2-33 所示。

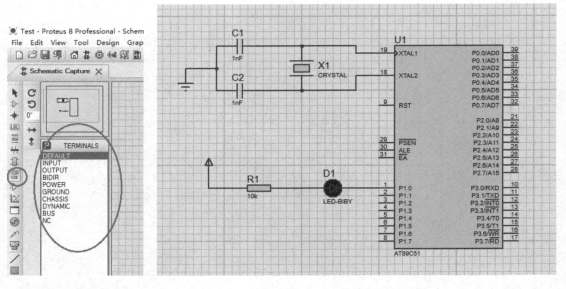

图 2-32 添加电源及地级　　　　　　　　图 2-33 完成的电路原理图

注：因为 Proteus 中单片机已默认提供电源，所以不用给单片机加电源。

11）编辑元件，设置各元器件参数。双击元件 C1，会弹出如图 2-34 所示的编辑元器件对话框。将其电容值改为 30 pF。

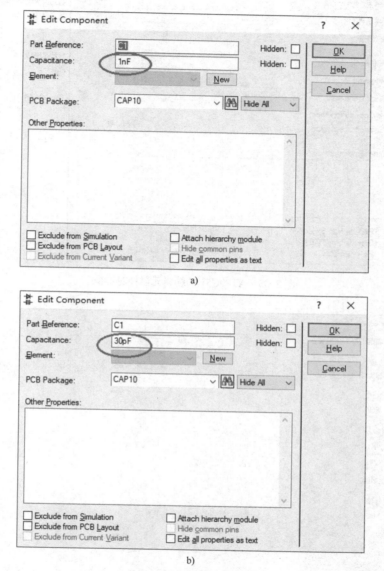

a)

b)

图 2-34　编辑元器件对话框

依次设置各元器件的参数，其中晶振频率为 12 MHz，电阻阻值为 1 kΩ，因为发光二极管点亮电流大小为 3～10 mA，阴极给低电平，阳极接高电平，电压降一般为 1.7 V，所以电阻值应该是（5-1.7）V/3.3 mA=1 kΩ。

双击单片机，打开编辑元器件对话框，如图 2-35 所示，单击"⊠"图标，找到编好的程序，其扩展名为 hex，如图 2-36 所示，导入程序。

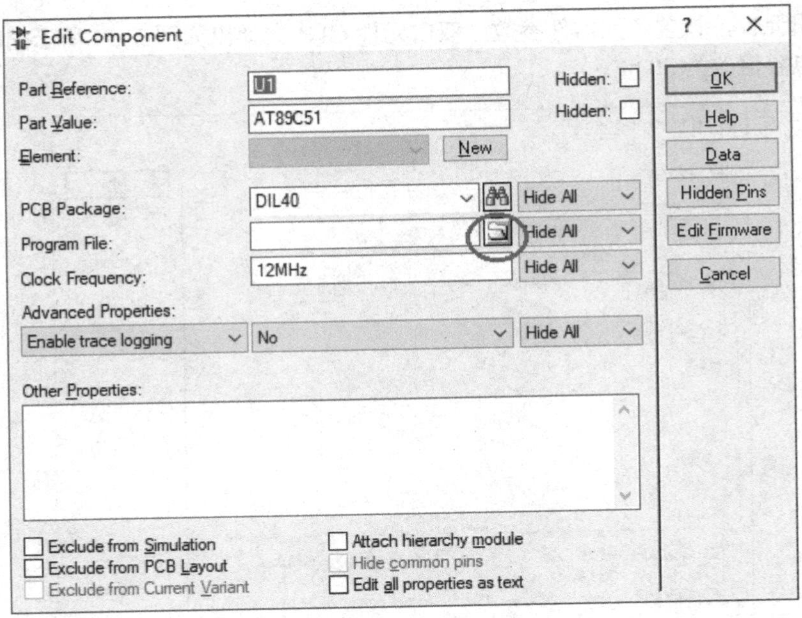

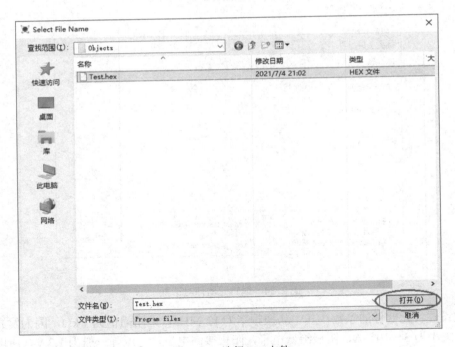

图 2-35　AT89C51 的编辑元器件对话框

图 2-36　选择 hex 文件

单击"打开"按钮后，单击图 2-37 中的"OK"按钮完成 hex 文件的选择。

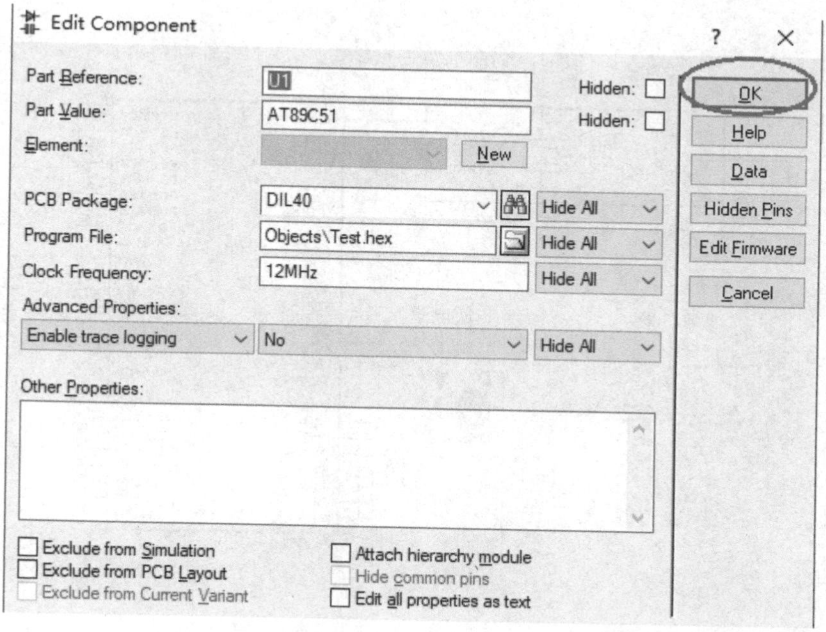

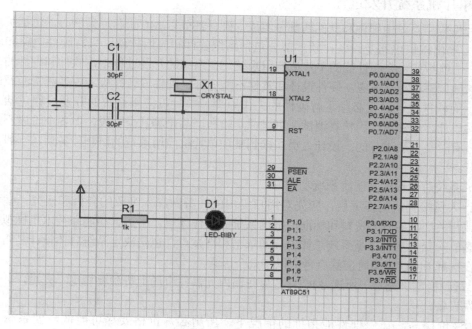

图 2-37　AT89C51 选择 hex 文件后的对话框

12）仿真调试。仿真控制按钮为“ ▶ ▶ ‖ ■ ”，分别为运行、单步运行、暂停及停止。

单击“▶”按钮，进行仿真，仿真原理图和运行程序时的原理图分别如图 2-38、图 2-39 所示。

图 2-38　仿真原理图

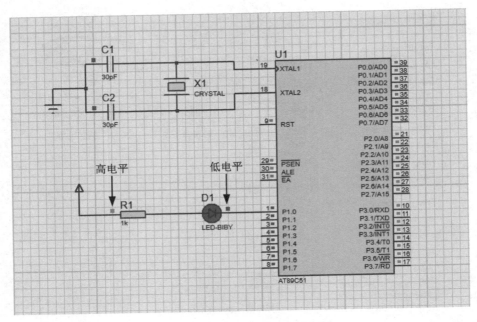

图 2-39　运行程序时的仿真原理图

　　程序开始执行，发光二极管被点亮，在运行时，电路中输出的高电平用红色表示，低电平用蓝色表示。

2.2.6　单片机系统开发过程

　　单片机应用系统由硬件和软件两部分组成，硬件部分以 MCU 芯片为核心，包括扩展存储器、输入/输出接口电路及设备；软件部分包括系统软件和应用软件。只有硬件电路和软件紧密配合，才能组成一个高性能的单片机应用系统。在系统的开发过程中，软件和硬件的功能总是在不断地调整以相互适应。硬件设计和软件不能分开，硬件设计时应考虑系统资源及软件实现方法，而软件设计时又必须了解硬件的工作原理。单片机应用系统的开发过程包括总体设计、硬件设计、软件设计、仿真调试、可靠性实验和产品化等几个阶段，但各个阶段不是绝对独立的，有时是交叉进行的。设计人员在接到某项单片机应用系统的研制任务后，一般按以下阶段展开。

　　（1）系统总体设计（明确系统功能）

　　设计人员接到研制任务后，应先对用户提出的任务做深入细致的分析和研究，参考国内外同类或相关产品的有关资料和标准，根据系统的工作环境、用途、功能和技术指标拟定出性价比最高的一套方案。这是系统总体设计的依据和出发点，也是决定系统总体设计是否成功的关键。在选择 MCU 类型时应综合考虑以下几个因素。

　　1）货源稳定、充足。所选 MCU 芯片在国内元器件市场上货源要稳定、充足，并且有成熟的开发设备。

　　2）性价比高。在保证性能指标的情况下，所用芯片价格要尽可能低，使系统有较高性价比。

　　3）芯片加密功能完善。因为系统硬件无秘密可守，如果所选芯片加密功能不完善，容易破解，则可能会对委托方和开发者的利益造成潜在损害。

4）研发周期短。在研制任务重、时间紧的情况下，应考虑采用设计人员比较熟悉的MCU 芯片，这样可以较快地进行系统设计。原则上应选择用户使用广泛、技术成熟、性能稳定的 MCU 类型。在选定 MCU 类型后，通常还需要对系统中一些严重影响系统性能指标的器件（如传感器、放大器等）进行选择。

（2）硬件电路设计与搭建

硬件设计的任务是依据总体设计的要求，在选定 MCU 类型的基础上规划出系统的硬件电路框图、所用元器件及电气连接关系，生成系统的电路原理图，再根据经验或经过计算确定系统中每一元器件的参数、型号及封装形式。必要时还可通过仿真或实验方式对系统内局部电路进行验证，确保电路图的正确性和可靠性。在系统电路原理图及元器件参数、型号、封装形式完全确定的情况下，就可以进入印制电路板设计阶段。

之后是电路板加工，电路板加工一般请专门的厂商进行，需要向他们支付费用。设计者将印制电路板图通过电子邮件发送给某个电路板制作商，一般可根据需要决定制作周期，加工周期越短，则价格越高。

电路板制作完成后，就可以进行电路焊接了。因为还无法确保电路可以按设计正常工作，因此焊接过程其实也是硬件调试过程。按照一定的顺序，对各个功能模块的元器件依次焊接，并依次进行测试，必要时，可能还需要割线飞线，直至调通硬件。如果出现大的原则性错误，比如弄错封装形式，则有可能需要重新制板。

（3）软件设计与编译

在进行软件设计前，首先选择程序设计语言。设计单片机系统时，可采用 C 语言或汇编语言。选择 C 语言，则程序编写、调试相对容易，但编译后代码长，所需程序存储空间大，执行速度慢。而采用汇编语言时，情况则正好相反。随着技术的进步，越来越多的开发人员选择 C 语言作者开发语言，随着 MCU 主频的提高及存储空间的扩大可逐渐抵消其缺点。

选定程序设计语言后，应根据系统的功能合理地选择程序结构，即选择单任务顺序结构程序或多任务结构程序。当系统中存在多个需要实时处理的任务时，最好选择多任务程序结构，否则系统的实时性将无法得到保证。

另外一个重要的设计是软件可靠性设计。由于 MCU 芯片主要应用于工业控制、智能仪器和家电中，因此对 MCU 应用系统的可靠性要求较高。计算机系统不可靠的原因较多，如电磁干扰、电源电压及温度波动、环境湿度变化等原因都可能干扰信号的输入/输出，甚至会造成程序计数器 PC"跑飞"、内部 RAM 数据丢失等不可预测的后果。软件抗干扰的设计方法通常有开机自检和初始化、软件陷阱、看门狗、关键信息三取二（即将关键的数据存储在三个不同的地方，访问数据应采取三取二表决方式裁决）等，这些设计能有效地防止程序"跑飞"，或者在程序"跑飞"后将程序拉回正常运行轨道。

（4）仿真调试

源程序编译通过，表明语法正确，但并不能保证该程序能够正确运行，还需要对其逻辑功能进行调试。软件开发工具一般都具有较强的软件仿真功能。

可利用编程器将程序代码写入 MCU。编程器通过串口、USB 口或并口与 PC 相连，PC通过写入芯片的应用程序控制编程器的工作，将编译好的 hex 文件写入 MCU 专门用于存储可执行代码的内存空间中。

（5）可靠性实验

可靠性试验是为了解、评价、分析和提高产品的可靠性而进行的各种实验的总称。可靠性实验的目的是发现产品在软硬件设计、材料和工艺等方面的各种缺陷，经分析和改进，使产品可靠性逐步得到增强，最终达到预定的可靠性水平。可靠性实验要对产品的软、硬件两方面都要做大量的实验和测试。

（6）产品化

产品化是一个过程，该过程是要将研发、设计的东西变成产品，产品化以发布产品为里程碑。

本节所述单片机系统的开发过程同样适用于以 MCU 为核心的包含嵌入式系统的电子产品的开发过程。

2.2.7　智能车开发套餐

本书配套的硬件开发平台为湖南智宇科教设备有限公司所开发的智能车，智能车主控电路原理图如图 2-40 所示。

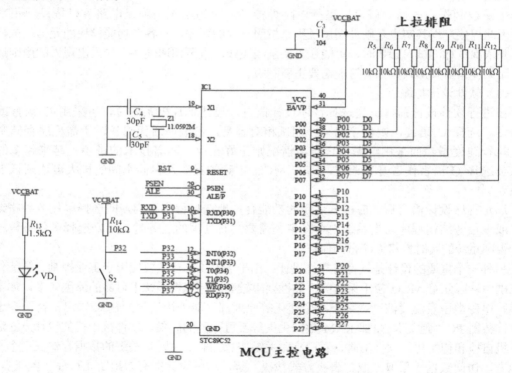

图 2-40　智能车主控电路原理图

智能车套餐主要由 1 块小车主板、1 块 L298N 电机驱动模块、1 对橡胶轮、1 对直流减速电机、1 对红外避障模块及 1 个两路红外循迹模块等组成。主板采用 STC89C52 作为 MCU，STC89C52 是 STC 公司生产的一种低功耗、高性能 CMOS 8 位微控制器，具有 8 KB Flash、512 B RAM、32 位 I/O 口线、看门狗定时器、内置 4 KB EEPROM、3 个 16 位定时器/计数器、4 个外部中断、1 个 7 向量 4 级中断结构（兼容传统 51 的 5 向量 2 级中断结构）、全双工串行口。STC89C52 使用经典的 MCS-51 内核。STC89C52 和 AT89S52 的引脚完全兼容，硬件连接基本一样，但 STC 的是增强型，多了一些 AT 没有的功能，比如存储容量 RAM 大小。STC 用 AT 的程序没什么问题，但是 AT 用 STC 的程序就有可能不正常。

主板上有数码管、蜂鸣器等元器件，可做相应的实验，结合套餐提供的 L298N 电机驱动模块、直流减速电机、红外避障模块、红外循迹模块等，可做比较综合的智能车循迹、避障等实验。

2.3　任务实施

2.3.1　实例——用 Proteus 8 绘制 LED 控制原理图

1．任务要求

本任务利用任务准备阶段的知识，绘制 LED 控制原理图，为后续 Proteus 8 和 Keil C51 软件配合仿真做准备。

2．任务分析

学习 Proteus 软件，最好的方法是直接操作实践。利用任务准备阶段的知识，读者可轻松完成本任务。

3．绘制 LED 控制原理图

设计完成的 LED 控制原理图如图 2-41 所示。

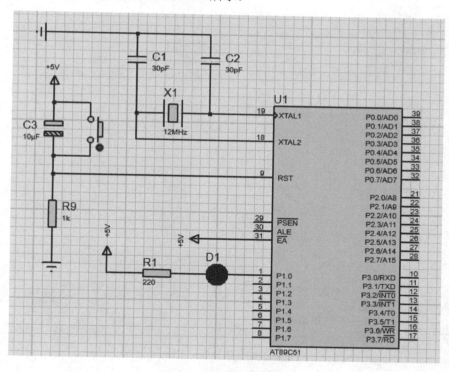

图 2-41　LED 控制原理图

双击图 2-41 中的 AT89C51，打开编辑元器件对话框，如图 2-42 所示，单击"🖼"图标，导入"1.3.1 实例——Keil C51 软件的使用"生成的 hex 文件，如图 2-43 所示。

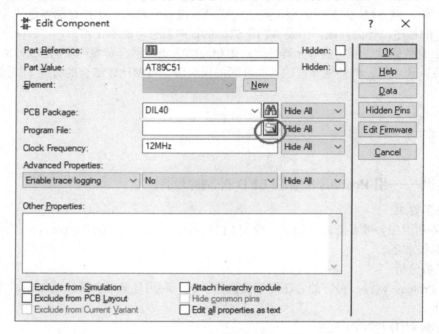

图 2-42　AT89C51 的编辑元件对话框

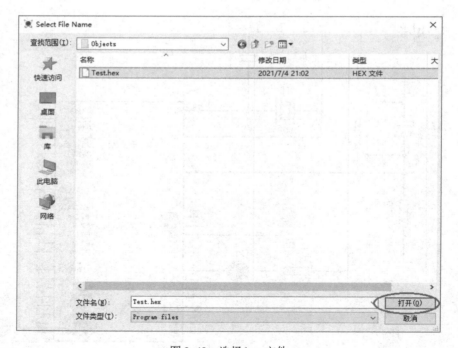

图 2-43　选择 hex 文件

单击"打开"按钮后，单击图 2-44 中的"OK"按钮，完成 hex 文件的选择。

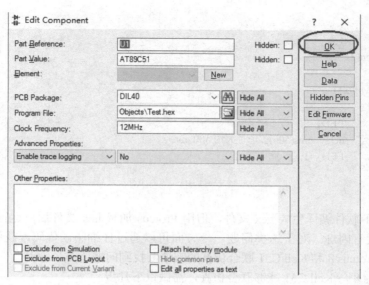

图 2-44　AT89C51 选择 hex 文件后的对话框

之后，可以单击 Proteus 主界面左下方的"▶"按钮，运行仿真，观察程序运行是否正确。有时尽管 hex 文件已经生成，但却不是想要的结果或者结果不正确，这时可以利用 2.3.2 节的知识来仿真、调试程序。

2.3.2　实例——Proteus 与 Keil C 联合仿真

1. 任务要求

本任务通过 Keil C51 和 Proteus 8 软件的设置、使用，实现两者的联合仿真、调试，提高单片机应用系统的开发效率。

2. 任务分析

下面的任务通过 Keil C51 和 Proteus 8 软件的设置、使用，实现两者的联合仿真、调试，最终完成 LED 灯闪烁程序的设计。通过简单的编程、调试，引导读者学习 Proteus 8、Keil C51 软件的基本使用方法和基本的调试技巧。

3. Keil C51 和 Proteus 8 联合仿真调试

要求编写程序，实现 LED 灯每隔 0.5 s 闪烁一次，程序如下。

```
//2-1.c
//功能：闪烁的 LED 灯控制程序
#include <reg51.h>
sbit LED1=P1^0;//定义特殊功能寄存器位
//延时函数
void delay_nms(unsigned int n)//大约 1 ms 的基准延时
{
    unsigned char j;
    while(n--)
    {
        for(j=0;j<120;j++);//通过执行空语句，从而达到延时的目的
    }
```

```
        }

        void main()
        {
            while(1)
            {
                LED1=0;
                delay_nms(500);//延时大约 500 ms
                LED1=1;
            }
        }
```

用 Keil C51 软件编译生成 hex 文件，但用 Proteus 加载 hex 文件后，运行仿真后 LED 灯一直亮着，并没有闪烁。对于这类问题，一方面可以通过仔细阅读代码，找到原因；另一方面，可以通过 Proteus 8 和 Keil C51 联合仿真的方法，找到问题所在。

为使 Proteus 8 与 Keil C51 能够联合仿真，需做以下几步。

1）从网上下载并安装 vdmagdi.exe，这是 Proteus 和 Keil C51 联合仿真的驱动。将其安装在 Keil C51 安装目录下，Keil C51 第 5 版默认安装目录是 C:\Keil_v5，其余按默认设置即可。

2）用记事本或其他编辑软件打开 Keil C51 根目录下的 TOOLS.INI 文件，在[C51]栏目下加入 TDRV10=BIN\VDM51.DLL("Proteus VSM Monitor-51 Driver")，其中"TDRV10"中的"10"要根据实际情况来写，不要和原来的重复，如图 2-45 所示，编者的这个文件中已经有了 TDRV0~TDRV9，所以用的是 TDRV10。

图 2-45　修改后的 TOOLS.INI 文件

3）打开 Keil C51 工程，单击工具栏的"<img_1>"按钮，如图 2-46 所示。

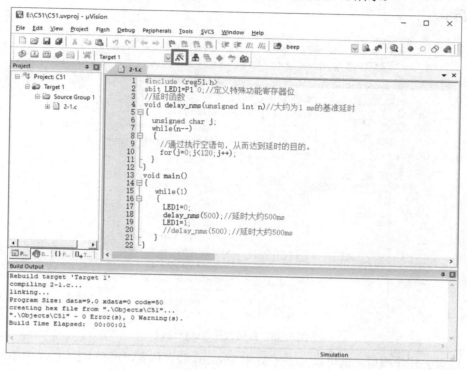

图 2-46　Keil C51 主界面

4）在弹出的对话框里单击"Debug"选项卡，在右栏上部的下拉菜单里选中"Proteus VSM Simulator"，单击 Use 前面的单选按钮，如图 2-47 所示。

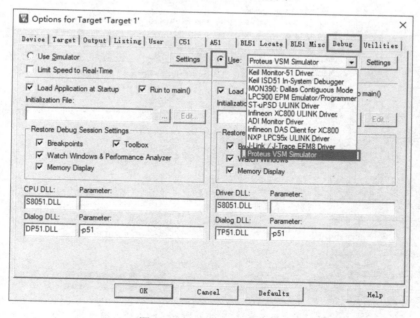

图 2-47　Keil C51 仿真设置

5）Proteus 8 设置。鼠标单击选中 Debug 菜单下的"Enable Remote Debug Monitor"，如图 2-48 所示。

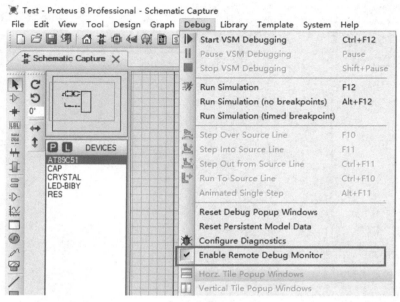

图 2-48 启用远程调试监视器

6）经过上述步骤后，就可以 Keil C51 和 Proteus 联合仿真，可在 Keil C51 中单步运行程序或设置断点后运行程序，在 Proteus 中观察 LED 灯亮灭情况。单击 Keil C51 工程主界面工具栏的"⬜"按钮或按〈Ctrl+F5〉快捷键，进入 Proteus 和 Keil C51 联合仿真模式，如图 2-49 所示。

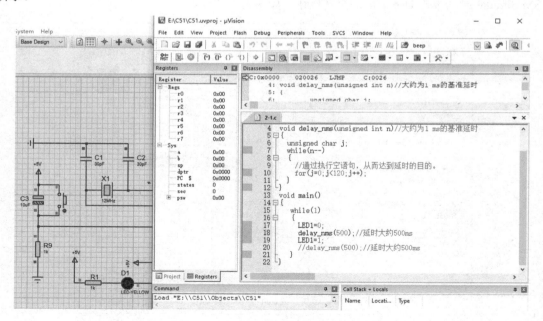

图 2-49 进入 Proteus 和 Keil C51 联合仿真模式

7）在 Keil C51 中按〈F10〉快捷键 1 次，程序单步执行，此时 LED 灯右侧为低电平，但 LED 灯还未点亮，如图 2-50 所示。LED 灯右侧低电平需保持一段时间后 LED 灯才能点亮。

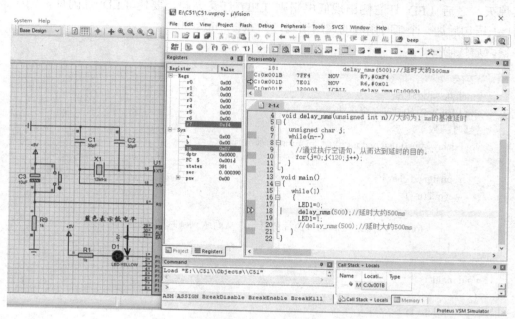

图 2-50　执行一次单步后 LED 灯未点亮

8）再按〈F10〉快捷键，此时 LED 点亮，如图 2-51 所示。此时 LED 灯右侧为高电平，高电平需保持一段时间 LED 灯才能熄灭（注：此处按〈F10〉键并没有真正单步运行）。再按〈F10〉快捷键，因已执行"LED1=0;"语句，此时 LED 灯右侧为低电平，此时 LED 灯还是点亮的。

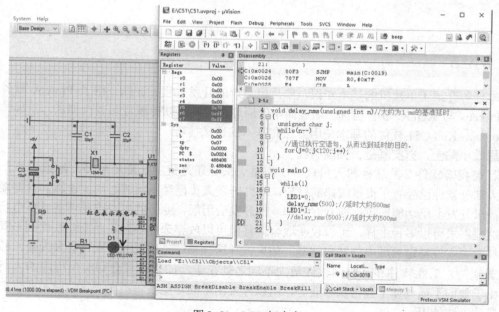

图 2-51　LED 灯点亮

在 Proteus 中直接单击"▶"按钮，LED 灯常亮。分析原因：主要是 P1.0 输出高电平（LED1=1;）后 P1.0 又马上输出低电平（LED1=0;），LED 灯右侧高电平应保持一段时间才能使其熄灭，之后 LED 灯右侧出现低电平则 LED 灯又亮起。要使 LED 灯闪烁，则应该在 LED1=1;语句后加一个延时函数的调用语句，如 delay_nms(500);。

修改后代码如下。

```
//2-1.c
#include <reg51.h>
sbit LED1=P1^0;//定义特殊功能寄存器位
//延时函数
void delay_nms(unsigned int n)//大约 1 ms 的基准延时
{
        unsigned char j;
        while(n--)
        {
                for(j=0;j<120;j++);//通过执行空语句，从而达到延时的目的
        }
}
void main()
{
        while(1)
        {
                LED1=0;
                delay_nms(500);//延时大约 500 ms
                LED1=1;
                delay_nms(500);//延时大约 500 ms
        }
}
```

2.4 小结

本任务介绍了单片机的基本知识、单片机系统的开发过程，详细介绍了 Proteus 软件的使用、Proteus 与 Keil C 联合仿真。通过简单的原理图绘制、软件编程和联合调试，引导读者学习 Proteus、Keil C51 软件的基本使用方法和基本的调试技巧。

思政小贴士：夯实基础，强国有我

目前我国软件开发品种和人员众多，但是大部分还是集中在应用层面，经过了多年的发展，大部分软件已经有了很多成熟的框架，软件开发人员已经不用关心底层逻辑，只需要专心根据需求开发上层功能即可。在互联网和软件开发应用层，业务的出发点是消费者和市场的需求，这些需求可以多种多样，可以权衡取舍，甚至可以放弃选择不做，而工业软件则不同，工业软件就要实现特定领域中的特定功能。如果扒开这些领域一层层的外衣，会发现最内核的就是工业软件。工业软件和互联网软件最大不同之处在于，如果让只会写应用程序的人员来开发，由于他们不懂具体工业常识和业务，所以开发出来的功能根本不能满足实际工业生产的需求，导致无法使用。

Proteus 与 Keil C 在工业软件中还属于功能和结构比较简单的软件之一，随着学习的深入，后面电路设计等相关课程中还会遇到更加复杂和功能强大的工业软件，这些软件都是国内外知名厂商工程师多年开发的经典产品，需要同学们静下心来，认真钻研和理解。理工科学生要认真学习，夯实基础，为今后国家芯片、基础工业软件领域的突破做出自己的贡献。

2.5　问题与思考

1. 选择题

（1）_____片内不带程序存储器 ROM，使用时用户需外接程序存储器，外接的程序存储器多为 EPROM（一种断电后仍能保留数据的存储芯片，即非易失性芯片）。

    A．8008　　　　　　B．8031　　　　　　C．8051　　　　　　　　D．8751

（2）AT89S51 单片机片内 Flash ROM 为_____。

    A．4 KB　　　　　　B．8 KB　　　　　　C．16 KB　　　　　　D．20 KB

（3）AT89S52 单片机片内 Flash ROM 为_____。

    A．4 KB　　　　　　B．8 KB　　　　　　C．16 KB　　　　　　D．20 KB

2. 填空题

（1）单片机应用系统由_____和_____两部分组成，硬件部分以 MCU 芯片为核心，包括扩展存储器、输入/输出接口电路及设备，软件部分包括系统软件和应用软件。

（2）MCS-51 系列单片机的代表性产品为_____，其他单片机都是在其基础上进行功能的增减。

（3）_____软件是众多单片机应用开发的优秀软件之一，它集编辑、编译、仿真于一体，支持汇编、PLM 语言和 C 语言的程序设计，界面友好，易学易用。

（4）_____是英国 Labcenter Electronics 公司研发的多功能 EDA 软件，具有功能很强的智能原理图输入系统 ISIS，有非常友好的人机互动窗口界面。

3. 问答题

（1）简述单片机系统的开发过程。

（2）简述单片机应用产品的 Proteus 开发过程。

4. 上机操作题

（1）利用单片机控制蜂鸣器和发光二极管，设计一个声光报警系统。

（2）利用单片机控制按键和发光二极管，设计一个单键控制单灯亮灭的系统。

任务3 单片机 I/O 端口应用

3.1 学习目标

3.1.1 任务说明

从本任务开始，将真正利用单片机来设计智能车程序，以此来掌握基于单片机的嵌入式程序的设计方法，最终熟悉单片机的应用和开发过程：明确系统功能—硬件设计—搭建硬件平台—软件设计—下载程序到单片机并调试。当然，在实际进行产品开发时，硬件设计和软件设计可同步进行，即软件开发人员在没有硬件系统的情况下也能先进行程序设计、编译和调试，硬件系统准备好后再进行软硬件系统的联调，这样可加快开发进度。

本书将智能车硬件平台和 Proteus 仿真结合，以学习任务的形式组织单片机课程知识点，在任务中融入 51 系列单片机基础知识、单片机 I/O 端口应用、键盘接口技术应用、显示接口技术应用、定时中断系统、串行通信技术等理论知识，以应用为目的构建课程和教学内容体系。为使读者巩固每个任务涉及的知识点，再引入若干子任务，以达到触类旁通的目的。在本任务中，首先学习单片机 I/O 端口的知识，在掌握 I/O 端口知识之后，基于智能车平台，设计蜂鸣器控制程序；之后基于 Proteus 设计一个 I/O 端口应用——流水灯制作，在单片机的控制下，使得一排发光二极管（LED）依次点亮，达到流动的效果。单片机流水灯系统功能如下。

1）单片机控制 8 个排成一列的发光二极管，控制 LED 依次点亮，从左至右再从右至左，如此反复。每个 LED 点亮时间为 1 s。

2）利用开关作为单片机的输入，拨动不同的开关，LED 灯点亮的方式有所不同。

通过任务模块的操作和训练，学习相关的知识，读者应熟悉单片机端口的控制，掌握蜂鸣器、发光二极管的控制方法，熟悉单片机程序开发的基本过程。

3.1.2 知识和能力要求

知识要求：
- 掌握单片机端口的控制方法；
- 理解常用的几种程序结构；
- 掌握单片机数据输入的方法；
- 掌握常用元器件的特性和测试方法；
- 掌握单片机子程序的编写和调试方法；
- 掌握单片机延时程序的编写方法。

能力要求：
- 能够进行蜂鸣器电路的正确连接及调试；

- 能够进行 LED 电路的正确连接及调试；
- 能够进行时钟电路、复位电路的正确连接及调试；
- 能够根据项目要求设计出硬件电路；
- 能够进行本任务单片机系统控制电路的正确连接及调试；
- 能够使用相应软件将程序下载至单片机中。

3.2 任务准备

3.2.1 C51 基础知识

1. Keil C 语言支持的数据类型

在学习本书前，相信读者对标准 C 语言（ANSI C）已经比较熟悉了，故不再作介绍。在此对 Keil C 语言的介绍着重放在 Keil C 与 ANSI C 不同的地方。

表 3-1 中列出了 Keil C51 编译器所支持的数据类型。在标准 C 语言中基本的数据类型为 char、int、short、long、float 和 double，而在 C51 编译器中 int 和 short 相同，float 和 double 相同，这里就不列出说明了。

表 3-1　Keil C51 编译器所支持的数据类型

数据类型	含　义	长　度	值　域
unsigned char	无符号字符型	1 B	0～255
signed char	有符号字符型	1 B	−128～+127
unsigned int	无符号整型	2 B	0～65535
signed int	有符号整型	2 B	−32768～+32767
unsigned long	无符号长整型	4 B	0～4294967295
signed long	有符号长整型	4 B	−2147483648～+2147483647
float	浮点型	4 B	±1.175494E−38～±3.402823E+38
*	指针型	1～3 B	对象的地址
bit	位类型	1 bit	0 或 1
sfr	专用寄存器	1 B	0～255
sfr16	16 位专用寄存器	2 B	0～65535
sbit	可寻址位	1 bit	0 或 1

注：数据类型中加背景色的部分为 C51 扩充数据类型；1 B（字节）=8 bit（位）。

（1）char（字符类型）

char 类型的长度是 1 B，通常用于定义处理字符数据的变量或常量，分为无符号字符类型 unsigned char 和有符号字符类型 signed char，默认值为 signed char 类型。unsigned char 类型用字节中所有的位来表示数值，可以表达的数值范围是 0～255。signed char 类型用字节中最高位字节表示数据的符号，"0"表示正数，"1"表示负数，负数用补码表示（正数的补码与原码相同，负二进制数的补码等于它的绝对值按位取反后加 1），所能表示的数值范围是−128～+127。unsigned char 常用于处理 ASCII 字符或处理小于或等于 255 的整型数。在 51 单片机程序中，unsigned char 是最常用的数据类型。

（2）int（整型）

int 整型长度为 2 B，用于存放一个双字节数据，分为有符号 int 整型数 signed int 和无符号整型数 unsigned int，默认值为 signed int 类型。signed int 表示的数值范围是−32768～+32767，字节中最高位表示数据的符号，"0"表示正数，"1"表示负数。unsigned int 表示的数值范围是 0～65535。

（3）long（长整型）

long 长整型长度为 4 B，用于存放一个 4 字节数据，分为有符号 long 长整型 signed long 和无符号长整型 unsigned long，默认值为 signed long 类型。signed int 表示的数值范围是−2147483648～+2147483647，字节中最高位表示数据的符号，"0"表示正数，"1"表示负数。unsigned long 表示的数值范围是 0～4294967295。

（4）float（浮点型）

float 浮点型在十进制中具有 7 位有效数字，是符合 IEEE 754 标准的单精度浮点型数据，占用 4 个字节。

（5）*（指针型）

指针型本身就是一个变量，在这个变量中存放的是指向另一个数据的地址。这个指针变量要占据一定的内存单元，对不同的处理器其长度也不尽相同，在 C51 中它的长度一般为 1～3 B。

（6）bit（位类型）

bit 位标量是 C51 编译器的一种扩充数据类型，利用它可定义一个位标量，但不能定义位指针，也不能定义位数组。它的值是一个二进制位，不是 0 就是 1。

（7）sfr（专用寄存器或特殊功能寄存器）

sfr 也是一种扩充数据类型，占用一个内存单元，值域为 0～255。利用它可以访问 51 单片机内部的所有特殊功能寄存器。如用"sfr P0 = 0x80;"这一句定义 P0 为 P0 端口在片内的寄存器，在后面的语句中用"P0 = 0xFF;"（对 P0 端口的所有引脚置高电平）之类的语句来操作特殊功能寄存器。

（8）sfr16（16 位专用寄存器）

sfr16 占用两个内存单元，值域为 0～65535。sfr16 和 sfr 一样用于操作特殊功能寄存器，所不同的是它用于操作占两个字节的寄存器，如定时器 T0 和 T1。

（9）sbit（可寻址位）

sbit 同样是 C51 中的一种扩充数据类型，利用它可以访问芯片内部 RAM 中的可寻址位或特殊功能寄存器中的可寻址位。如先前定义了：

```
sfr P0 = 0x80;          //因 P0 端口的寄存器是可位寻址的，所以可以定义：
sbit P0_1 = P0 ^ 1;     //P0_1 为 P0 中的 P0.1 引脚
```

同样可以用 P0.1 的地址去写，如"sbit P0_1 = 0x81;"。

2．Keil C 程序的变量使用

一个单片机的内存资源是十分有限的。而变量存在于内存中，同时，变量的使用效率还要受到单片机体系结构的影响。因此，单片机的变量选择受到了很大的限制。变量的使用可遵循以下规则。

【规则 1】采用短变量

一个提高代码效率的最基本方式就是减小变量的长度。使用 C 编程时大多数人习惯于对循环控制变量使用 int 类型，这对 8 位的单片机来说是一种极大的浪费。应该先考虑清楚所声明的变量值可能的范围，然后选择合适的变量类型。很明显，经常使用的变量应该是 unsigned char，它只占用一个字节。

【规则 2】使用无符号类型的变量

为什么要使用无符号类型呢？原因是 MCS-51 不直接支持符号运算；程序中也不要使用含有带符号变量的外部代码。除了根据变量长度来选择变量类型外，还要考虑变量是否会用于负数的场合。如果程序中可以不需要负数，那么把变量都定义成无符号类型的。

【规则 3】避免使用浮点数

在 8 位操作系统上使用 32 位浮点数是得不偿失的，这样做会浪费大量的时间。所以当要在系统中使用浮点数的时候，先要考虑清楚这是否一定需要。

【规则 4】使用位变量

对于某些标志位，应使用位变量而不是 unsigned char，这将节省内存，不用浪费 7 位存储区。而且位变量在 RAM 中访问，它们只需要一个处理周期。常量的使用在程序中起到举足轻重的作用。常量的合理使用可以提高程序的可读性、可维护性。

3.2.2 单片机程序框架

单片机 C 程序的大体程序框架结构如下。

```
Initial(…)
{
…
}
Function1(…)
{
…
}
…
Function_n(…)
{
…
}
InterruptFunction1() interrupt 1
{
…
}
…
InterruptFunction() interrupt n
{
…
}
void main()
{
    Initial();
```

```
…; //其他在 Initial()函数和 while 循环以外的代码
while(1)
{
…
}
}
```

如果代码较长，可按功能把不同的函数分组放在不同的 C 文件中。例如，通常可以把 Initial( )函数单独放在 initial.c 中。一个 C 文件的代码尽量不要太长，否则会造成查找和维护上的麻烦。

3.2.3　键盘

1．独立式按键

独立式按键是直接用 I/O 口线构成的单个按键电路，其特点是每个按键单独占用一根 I/O 口线，每个按键的工作不会影响其他 I/O 口线的状态。独立式按键电路配置灵活，软件结构简单，但每个按键必须占用一根 I/O 口线，因此在按键较多时，I/O 口线浪费较大，不宜采用。独立式按键的软件常采用查询式结构，先逐位查询每根 I/O 口线的输入状态，如某一根 I/O 口线输入为低电平，则可确认该 I/O 口线所对应的按键已按下，然后再转向该键的功能处理程序。

2．矩阵式键盘

单片机应用系统中，若使用按键较多时，通常采用矩阵式（也称行列式）键盘。矩阵键盘由行线和列线组成，按键位于行、列线的交叉点上，其结构如图 3-1 所示。

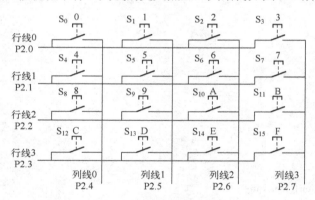

图 3-1　矩阵式键盘结构图

由图 3-1 可知，4×4 的行、列结构可以构成含有 16 个按键的键盘。显然。在按键数量较多时，矩阵式键盘较之独立式键盘要节省很多 I/O 口。矩阵式键盘中，行、列线分别连接到按键开关的两端。识别矩阵式键盘按键可采用逐列扫描法或行列反转法。

（1）逐列扫描法

4×4 矩阵键盘没有端口接地，8 个端口全部接入 I/O 口，这就需要程序改变 I/O 口的输入来检测按键是否按下。采用逐列扫描法识别阵式键盘按键的方法如下。

第一步，判断键盘是否有键按下，方法是向所有的列线输出低电平，再读入所有的行信号。如果 16 个按键中任意一个被按下，那么读入的行电平则不全为高；如果 16 个按键中无键按下，则读入的行电平全为高。如图 3-1 所示，如果 S_6 键被按下，则 S_6 键所在的行线 1 与列线 2 导通，行线 1 的电平被拉低，读入的行信号为低电平，表示有键按下。

注意： 读到行线 1 为低电平还不能判断一定是 S_6 键被按下，因为还有可能是 S_4、S_5 或 S_7 键按下，所以要判断具体的按键还要进行按键识别。

第二步，逐列扫描判断具体的按键。方法是往列线上逐列送低电平。先送列线 0 为低电平，列线 1、2、3 为高电平，读入的行电平的状态就显示了位于列线 0 的 S_0、S_4、S_8、S_{12} 这 4 个按键的状态，若读入的行值为全高，则表示无键按下；再送列线 1 为低电平，列线 0、2、3 为高电平，读入的行电平的状态则显示了 S_1、S_5、S_9、S_{13} 这 4 个按键的状态，依次类推，直至 4 列全部扫描完，再重新从列线 0 开始。

4×4 矩阵式键盘逐列扫描法实现的按键扫描函数参见 3.3.3 节实例中的 getKey( ) 函数。

（2）行列反转法

行列反转法的基本原理是通过给行、列端口输出两次相反的值，再将分别读入的行值和列值进行求和或按位"或"运算，得到每个键的扫描码。

首先，向所有的列线上输出低电平，行线输出高电平，然后读入行信号。如果 16 个按键中任意一个被按下，那么读入的行电平则不全为高；如果 16 个按键中无键按下，则读入的行电平全为高，记录此时的行值。

其次，向所有的列线上输出高电平，行线输出低电平（行列反转），读入所有的列信号，并记录此时的列值。

最后，将行值和列值合并成扫描码，通过查找扫描码表的方法得出键值。

例如，在如图 3-1 所示的电路中，P2.0～P2.3 连接矩阵键盘的 4 根行线，P2.4～P2.7 连接矩阵键盘的 4 根列线。

首先，给 P2 口输出 0x0F，即 00001111，假设 S_0 键按下，此时读入 P2 口的值为 00001110；再给 P2 口赋相反的值 0xF0，即 11110000，此时读入的 P2 口的值为 11100000；再把两次读入的 P2 口的值进行相加或按位"或"操作，得到 11101110，即 0xEE，这个值就是按键 S_0 的扫描码，依次类推，可以得到其余 15 个按键的扫描码，如图 3-2 所示。

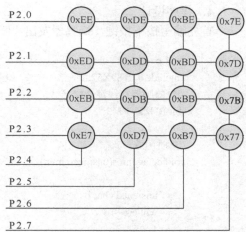

由此可见，用扫描法识别键盘按键的程序一般应包括以下内容。

1）判别有无键按下。

2）键盘扫描取得闭合键的行、列号。

3）用计算法或查表法得到键值。

4）判断闭合键是否释放，如没释放则继续等待。

5）将闭合键的键值保存，同时转去执行该闭合键的功能。

图 3-2　行列反转法中按键与扫描码对应关系

3.3 任务实施

3.3.1 实例——智能车之蜂鸣器控制

1. 任务要求

通过编程，实现对有源蜂鸣器的控制，要求单片机上电后，按下与单片机 P3.2 引脚相连的按键后，蜂鸣器发出"嘀嘀嘀"的报警声。

2. 任务分析

在 1.3.2 节实例中，实现了对无源蜂鸣器的控制，智能车平台的蜂鸣器是有源蜂鸣器，控制上和无源蜂鸣器有所不同。有源蜂鸣器的发声相对简单，只需要给它通电即可蜂鸣。

3. 硬件设计

对于单片机软件开发者而言，首先要了解 LED、蜂鸣器、按钮、数码管、LCD 等元器件和单片机端口的连接方式，这样才能设计出正确的程序。蜂鸣器应用电路如图 3-3 所示，蜂鸣器正极接 V_{CC}，负极接 PNP 型晶体管 S8550 的发射极。晶体管 S8550 集电极接地，基极通过电阻 R_2 和单片机的 P2.3 引脚相连。要使有源蜂鸣器发声，则其负极应为低电平。当 P2.3 引脚输出高电平时，晶体管 S8550 截止，蜂鸣器不发声；当 P2.3 引脚输出低电平时，晶体管 S8550 导通，则蜂鸣器蜂鸣。

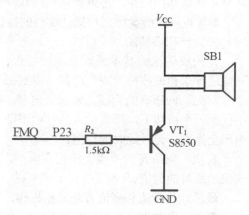

图 3-3 蜂鸣器应用电路

4. 程序设计

首先编写按下按键，蜂鸣器发出"嘀嘀嘀"报警声的程序，参考代码如下。

```
//3-1.c
#include <AT89X52.h>          //包含51单片机头文件，内部有各种寄存器定义
/***蜂鸣器接线定义*****/
sbit BUZZ=P2^3;

//延时函数
void delay_nms(unsigned int n)   //大约 1 ms 的基准延时
{
    unsigned char j;
    while(n--)
    {
        for(j=0;j<120;j++);
    }
}

void main()
{
```

```
                unsigned char i;
                while(1)
                {
                    if(P3_2==0)   //当按键按下时，P3_2 已在 AT89X52.h 定义
                    {
                            delay_nms(5);//延时去抖
                            if(P3_2==0)
                                {   //检测到键按下之后，蜂鸣器发出"嘀嘀嘀"的报警声
                                for(i=0;i<8;i++)
                                {
                                        BUZZ=0;          //打开蜂鸣器发声
                                    delay_nms(100);
                                    BUZZ=1;          //关闭蜂鸣器
                                    delay_nms(100);
                                }
                            }
                        }
                    }
                }
```

机械式按键在按下或释放时通常伴随着一定时间的触点机械抖动，然后触点才能稳定下来，抖动时间一般为 5～10 ms，因此需要消除机械抖动。按键的机械抖动可以由硬件电路消除，也可以采用软件方法消除。上述软件设计中，采用了软件去抖方法，其思路是在检测到有键按下时，先执行 5 ms 左右的延时程序，然后再重新检测该键盘是否仍然按下，以确认该键按下不是因抖动引起的。检测按键时软件去抖流程如图 3-4 所示。

若单片机检测到按键按下，则通过让蜂鸣器通电一段时间，再断电一段时间的方式，使其发出"嘀嘀嘀"的报警声。

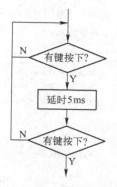

图 3-4　检测按键时软件去抖流程

延时函数 delay_nms 实现了大约 1 ms 的基准延时，在晶振频率为 12 MHz 时执行 120 次空语句的时间大约是 1 ms。编写以下测试程序。

```
//TestDelay.c
#include <reg51.h>                    //包含 51 单片机头文件，内部有各种寄存器定义
/***蜂鸣器接线定义*****/
sbit BUZZ=P2^3;
//延时函数
void delay_nms(unsigned int n)    //大约 1 ms 的基准延时
{
    unsigned char j;
    while(n--)
    {
            for(j=0;j<120;j++);
```

```
            }
    }
    void main()
    {
        unsigned char i;
        while(1)
        {
            for(i=0;i<8;i++)
            {
                BUZZ=0;              //打开蜂鸣器发声
                delay_nms(100);      //大约延时 100 ms
                BUZZ=1;              //关闭蜂鸣器
                delay_nms(100);      //大约延时 100 ms
            }
        }
    }
```

将上述程序在 Keil C 下进行测试。配置工程，设置晶振频率为 12 MHz，如图 3-5 所示。

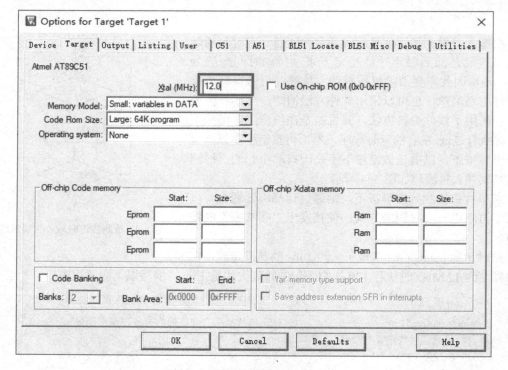

图 3-5   设置晶振频率为 12 MHz

再按以下步骤测试延时时间。

1）编译工程，若无错误，则在如图 3-6 所示的代码第 20 行、第 21 行左侧用鼠标单击设置断点。

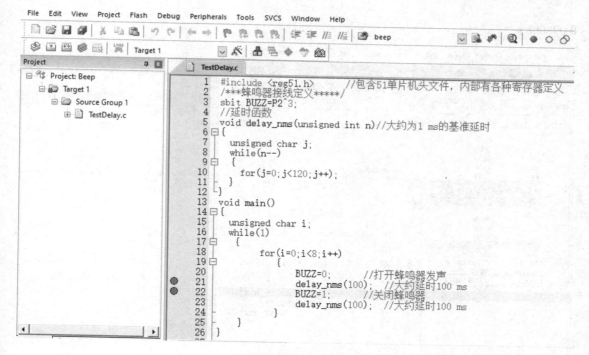

图3-6 设置断点

2）按〈Ctrl+F5〉快捷键进入调试模式，再按〈F5〉快捷键程序运行到断点处暂停，此时系统用时 0.000392 s，如图3-7所示。

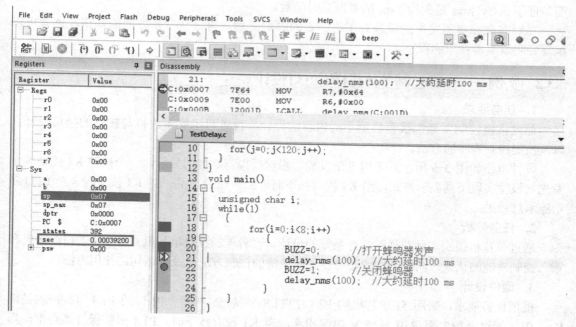

图3-7 按〈F5〉快捷键运行到第一个断点处

3）再按〈F5〉快捷键，程序运行到下一个断点处，如图 3-8 所示，此时系统用时

0.098008 s。

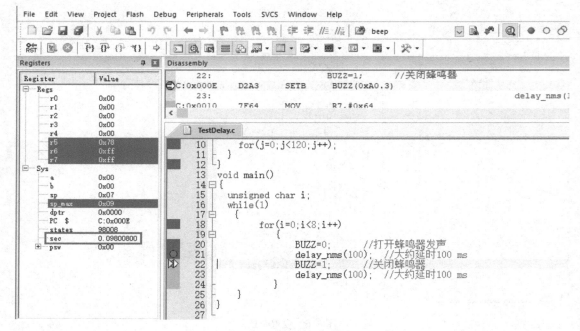

图 3-8　再按〈F5〉快捷键运行到第二个断点处

4）计算调用函数 delay_nms(100) 用时，即 0.098008 s−0.000392 s=0.097616 s≈100 ms，从而验证了 delay_nms 是大约 1 ms 的基准延时函数。

在对有源蜂鸣器发声的原理有了进一步的理解之后，再结合音乐方面的知识，读者可以编写蜂鸣器演奏音乐的程序。

3.3.2　实例——按键控制多种花样霓虹灯设计

1. 任务要求

通过按键控制发光二极管显示不同内容的设计，读者可了解单片机与按键的接口设计，以及按键控制程序的方法。

硬件电路如图 3-9 所示，采用 8 个发光二极管模拟霓虹灯的显示，一个按键 K1 控制 8 个发光二极管实现不同显示方式。当 K1 没有按下时，8 个 LED 全亮，当 K1 按下时 8 个 LED 显示流水灯效果。

2. 任务分析

通过单片机控制多种花样霓虹灯系统的设计，读者能加深对单片机并行 I/O 端口的输出和输入控制功能的认识，同时，读者还可以了解按键的控制方法以及 if 语句的使用方法。

3. 硬件设计

根据任务要求，采用 51 单片机的 P2 口控制 8 个发光二极管，P1 口的 P1.4 引脚控制按键 K1。P1.4 通过上拉电阻 R10 与+5 V 电源相连，当 K1 没有按下时，P1.4 引脚保持高点平，当 K1 按下时，P1.4 引脚接地，因此通过读取 P1.4 引脚的状态，就可以得知按键 K1 是否被按下。用 Proteus 绘制的按键控制多种花样霓虹灯电路原理图如图 3-9 所示。

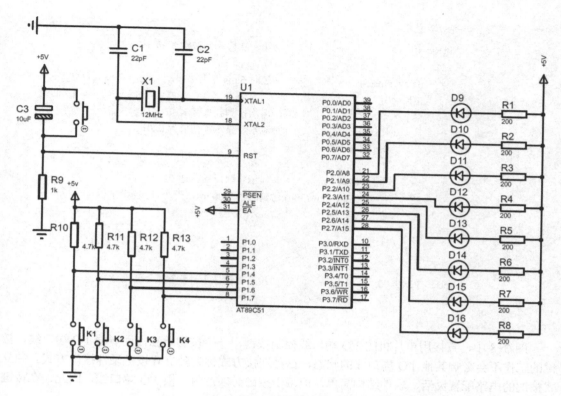

图 3-9　按键控制多种花样霓虹灯电路原理图

4. 程序设计

```
//3-2.c
//功能：按键控制多种花样霓虹灯程序
#include <reg51.h>              //包含头文件 reg51.h，定义了 51 单片机专用寄存器
sbit    K=P1^4;                 //定义位名称

//延时函数
void delay_nms(unsigned int n)  //大约 1 ms 的基准延时
{
      unsigned char j;
      while(n--)
      {
            for(j=0;j<120;j++);
      }
}

void    main()                  //主函数
{
      unsigned char i,w;
      P2=0xFF;                   //LED 全灭
      while(1)
```

```
            {
                if(K==0)                        //第一次检测到按键 K 按下
                {
                    delay_nms(5);               //延时 5 ms 左右去抖动
                    if(K==0)
                    {                           //再次检测到按键 K 按下
                        w=0x01;                 //流水灯显示字初值为 0x01
                        for(i=0;i<8;i++)
                        {
                            P2=~w;              //显示字取反后，送 P2 口
                            delay_nms(300);     //延时约 300 ms，一个灯显示时间
                            w<<=1;              //显示字左移一位
                        }
                    }
                }
                else    P2=0x00;                //没有按键按下，8 个灯全部点亮
            }
        }
```

图 3-8 中，直接用单片机的 I/O 端口线控制按键，一个按键单独占用一根 I/O 端口线，按键的工作不会影响其他 I/O 端口线的状态，这种连接方式称为独立式按键硬件接口方式。独立式按键的电路配置灵活，软件结构简单，但每个按键必须占用一根 I/O 端口线，因此，在按键较多时，I/O 端口线浪费较大，不宜采用。

5. 举一反三

1）硬件电路如图 3-9 所示，采用 8 个发光二极管模拟霓虹灯的显示，通过 4 个按键控制霓虹灯在 4 种模式之间切换，4 种模式如下。

第 1 种显示模式：全亮；

第 2 种显示模式：交叉亮灭；

第 3 种显示模式：高 4 位亮，低 4 位灭；

第 4 种显示模式：低 4 位亮，高 4 位灭。

4 个按键假定为 K1～K4，由 P1 口的 P1.4～P1.7 控制，当相应键按下时显示相应模式，参考程序如下。

```
//3-3.c
//功能：多个按键控制多种花样霓虹灯控制程序
#include <reg51.h>                    //包含头文件 reg51.h，定义了 51 单片机专用寄存器
#define TIME 5                        //定义符号常量 TIME，常数 5 代表延时约 5 ms
sbit    K1=P1^4;                      //定义位名称
sbit    K2=P1^5;
sbit    K3=P1^6;
sbit    K4=P1^7;

//延时函数
void delay_nms(unsigned int n)        //大约 1 ms 的基准延时
{
```

```
        unsigned char j;
        while(n--)
        {
            for(j=0;j<120;j++);
        }
    }


    void    main()                    //主函数
    {
        P2=0xFF;                      //LED 全灭
        while(1)
        {
            if(K1==0)                 //第 1 次检测到 K1 按下
            {
                delay_nms(TIME);      //延时去抖动
                if(K1==0)   P2=0x00;  //再次检测到 K1 按下，第 1 种模式，8 个灯全亮
            }
            else if(K2==0)            //第 1 次检测到 K2 按下
            {
                delay_nms(TIME);      //延时去抖动
                if(K2==0) P2=0x55;    //再次检测到 K2 按下，第 2 种模式，8 个灯交叉亮
            }
            else if(K3==0)            //第 1 次检测到 K3 按下
            {
                delay_nms(TIME);      //延时去抖动
                if(K3==0) P2=0x0F;    //再次检测到 K3 按下，第 3 种模式，高 4 位亮
            }
            else if(K4==0)            //第 1 次检测到 K4 按下
            {
                delay_nms(TIME);      //延时去抖动
                if(K4==0)P2=0xF0;     //再次检测到 K4 按下，第 4 种模式，低 4 位亮
            }
        }
    }
```

2）采用 8 个发光二极管模拟霓虹灯的显示，通过 1 个按键控制霓虹灯在 4 种模式之间切换，4 种显示模式同上。

由 P1 口的 P1.4 引脚控制按键 K1，当 K1 第 1 次按下，显示第 1 种模式；第 2 次按下，显示第 2 种模式；第 3 次按下，显示第 3 种模式；第 4 次按下，显示第 4 种模式；第 5 次按下，又显示第 1 种模式。参考程序如下。

```
//3-4.c
//功能：单个按键控制多种花样霓虹灯控制程序
#include <reg51.h>      //包含头文件 reg51.h，定义了 51 单片机专用寄存器
#define TIME 5          //定义符号常量 TIME，常数 5 代表延时约 5 ms
sbit    K=P1^4;         //定义位名称
```

```c
//延时函数
void delay_nms(unsigned int n)              //大约 1 ms 的基准延时
{
    unsigned char j;
    while(n--)
    {
        for(j=0;j<120;j++);
    }
}


void main()
{
    unsigned char i=0;                      //定义变量 i，记录按下次数
    P2=0xFF;                                //LED 全灭
    while(1)
    {
        if(K==0)                            //第 1 次判断有键按下
        {
            delay_nms(TIME);                //延时消除抖动
            if(K==0)                        //再次判断有键按下
            {
                if(++i==5) i=1;             //i 增 1，且增加到 5 后，再重新赋值 1
            }
        }
        switch(i)                           //根据 i 的值显示不同模式
        {
            case  1:P2=0x00;break;          //i=1 显示第 1 种模式
            case  2:P2=0x55;break;          //i=2 显示第 2 种模式
            case  3:P2=0x0F;break;          //i=3 显示第 3 种模式
            case  4:P2=0xF0;break;          //i=4 显示第 4 种模式
            default:break;
        }
        while(!K);                          //等待 K 键释放，！为逻辑非操作
        delay_nms(TIME);                    //延时消除抖动
    }
}
```

3.3.3 实例——矩阵键盘控制 LED 灯亮灭

1. 任务要求

通过编程，实现 4×4 矩阵键盘对 16 个 LED 灯的控制，矩阵键盘控制 LED 灯电路原理图如图 3-10 所示，S0、S1、…、S14、S15 共 16 个按键可分别控制 VD1、VD2、…、VD15、VD16 共 16 个 LED 灯的亮灭。

2. 任务分析

本任务的难点在于对矩阵键盘按键的识别，原理在 3.2.3 节实例中已经介绍。可将按键识

别这部分编成函数的形式，以便其他函数调用。本任务的程序设计部分将按键识别编成 getKey( )函数，getKey( )函数返回各按键的键值，如程序没有检测到按键按下，则返回–1。如果主程序检测到 S0 键按下，则 LED 灯 VD1 状态发生改变；检测到其他按键按下，则对应的 LED 灯状态发生改变。

3. 硬件设计

P2 口接 4×4 矩阵键盘，P1 口、P3 口分别接 8 个 LED 灯，用 Proteus 绘制的矩阵键盘控制 LED 灯电路原理图如图 3-10 所示。

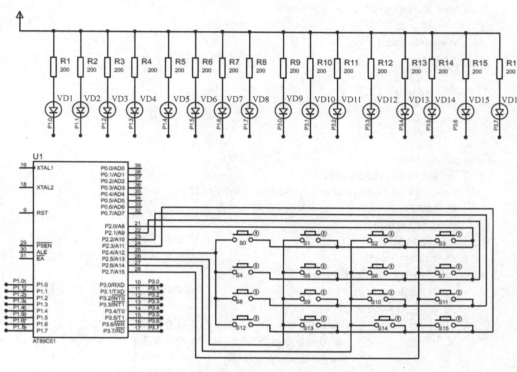

图 3-10   矩阵键盘控制 LED 灯电路原理图

4. 程序设计

参考程序如下。

```
//3-3.c
#include <reg51.h>
sbit LED1 = P1^0;
sbit LED2 = P1^1;
sbit LED3 = P1^2;
sbit LED4 = P1^3;
sbit LED5 = P1^4;
sbit LED6 = P1^5;
sbit LED7 = P1^6;
sbit LED8 = P1^7;
sbit LED9 = P3^0;
sbit LED10 = P3^1;
```

```c
sbit LED11 = P3^2;
sbit LED12 = P3^3;
sbit LED13 = P3^4;
sbit LED14 = P3^5;
sbit LED15 = P3^6;
sbit LED16 = P3^7;

//延时函数
void delay_nms(unsigned int n)      //大约 1 ms 的基准延时
{
    unsigned char j;
    while(n--)
    {
        for(j=0;j<120;j++);
    }
}


char getKey(void)               //定义读键值函数
{   unsigned char temp,row,column,i;
    unsigned code ColumnCode[4] = {0xEF,0xDF,0xBF,0x7F};//从 0 列开始
    P2 = 0x0F;                  //置低 4 位输入状态
    temp = P2 & 0x0F;
    if (temp != 0x0f)                           //有键按下处理开始
    {   delay_nms(5);                           //延时防抖
        temp = P2 & 0x0F;
        if (temp != 0x0F)                       //确实有键按下
        { switch(temp)
            {   case 0x07: row = 3; break;      //3 行有键按下
                case 0x0B: row= 2; break;       //2 行有键按下
                case 0x0D: row = 1; break;      //1 行有键按下
                case 0x0E: row = 0; break;      //0 行有键按下
                default: break;
            }
            for (i=0;i<4 ;i++)
            {   P2 =ColumnCode[i];              //高 4 位列扫描
                temp = P2 & 0x0F;               //读低 4 位
                if (temp != 0x0F)               //低 4 位不全为 1 对应列有键按下
                {   column = i; break;
                }
            }
            return (row * 4 + column);          //计算按键编号 0～15
        }                                       //有键按下处理结束
    }
    else
        P2= 0xFF;
    return -1; //无键按下返回无效码
```

```
        }

        void main(void)
        {
        char tempkey;
            while(1)
            {
                tempkey=getKey();

                    switch(tempkey)
                    {
                            case 0:   LED1 = !LED1;delay_nms(500);break;
                            case 1:   LED2 = !LED2;delay_nms(500);break;
                            case 2:   LED3 = !LED3;delay_nms(500);break;
                            case 3:   LED4 = !LED4;delay_nms(500);break;
                            case 4:   LED5 = !LED5;delay_nms(500);break;
                            case 5:   LED6 = !LED6;delay_nms(500);break;
                            case 6:   LED7 = !LED7;delay_nms(500);break;
                            case 7:   LED8 = !LED8;delay_nms(500);break;
                            case 8:   LED9 = !LED9;delay_nms(500);break;
                            case 9:   LED10 = !LED10;delay_nms(500);break;
                            case 10: LED11 = !LED11;delay_nms(500);break;
                            case 11: LED12 = !LED12;delay_nms(500);break;
                            case 12: LED13 = !LED13;delay_nms(500);break;
                            case 13: LED14 = !LED14;delay_nms(500);break;
                            case 14: LED15 = !LED15;delay_nms(500);break;
                            case 15: LED16 = !LED16;delay_nms(500);break;
                            default:break;

                    }
            }
        }
```

3.4 小结

本任务介绍了 C51 的基础知识，C51 除了具有 ANSI C 的所有标准数据类型外，为更加有效地利用 51 单片机的硬件资源，还扩展了一些特殊的数据类型：bit、sbit、sfr 和 sfr16，用于访问单片机的专用寄存器；同时简要介绍了单片机程序的基本框架和键盘的相关知识。

本任务主要有智能车之蜂鸣器控制、按键控制多种花样霓虹灯设计及矩阵键盘控制 LED 灯亮灭这 3 个实例项目。通过任务的学习，读者能加深对单片机并行 I/O 端口的输出和输入控制功能的认识。

思政小贴士：培养勇于探索的科学精神

通过任务 3 的学习，我们掌握了单片机 I/O 的基本操作。在实际编程过程中，大写的 P 输入成小写的 p，英文输入法下的";"误输入成中文输入法下的"；"，都会引起编译的错误。在探索科学的道路上，不仅容不得半点马虎，更要有勇于探索的精神。

国际风云激荡，面对国内外的各种压力，广大科技工作者挥洒汗水，以实干笃定前行，取得了骄人成绩。20世纪80年代初，在国外一个展览橱窗前，叶培健院士第一次看到了月球岩石样本，而就在2019年，他亲历嫦娥四号在人类历史上第一次登陆月球背面，见证了我国航天科技几十年一路拼搏走向国际前沿的历程。火箭的运载能力有多大，航天的舞台就有多大，2019年，"胖五"长征五号遥三运载火箭成功发射，又一次刷新了我国火箭的运载能力纪录，我国载人航天工程从此稳稳迈入空间站时代。雪龙2号首航南极成功，其破冰能力引世人关注，标志着我国拥有了又一国之重器。5G商用加速推出，北斗导航系统全球覆盖和服务能力进一步完善，北京大兴国际机场迎送八方宾朋，科技产业不断做强壮大，成为中国风采、中国力量的强有力支撑。

科学有险阻，苦战能过关。站在历史的交汇点，艰巨的使命和重任，召唤着科技界。在新中国的发展历程中，广大科技工作者，实践和创造了"两弹一星"精神、载人航天精神、探月精神等，以敢于拼搏、敢于胜利的大无畏勇气，创造了一个又一个科技奇迹，书写了各个时期的科技辉煌，使我国科技实现了从跟踪、并跑到部分领跑。实践证明，我国的科技队伍是一支能打硬仗，能够克服一切困难而决不被困难所压倒的队伍。

今天，出征的号角已经吹响，新的时代，党和人民期待着科技界不负重托，再立新功。广大科技工作者要奋发努力，去创造国家的硬核科技实力，书写新时代更加辉煌的科技篇章。作为新时代的大学生，我们应该只争朝夕，不负韶华。

3.5　问题与思考

1．选择题

（1）在C51程序中常常把_____作用于循环体，用于消耗CPU运行时间，产生延时效果。

　　A．赋值语句　　　　　　　　　　B．表达式语句

　　C．循环语句　　　　　　　　　　D．空语句

（2）在C51的数据类型中，unsigned char型的数据长度和值域为_____。

　　A．1 B，-128～127　　　　　　　B．2 B，-32768～+32767

　　C．1 B，0～255　　　　　　　　D．2 B，0～65535

（3）下面的while循环执行了_____空语句。

```
while (i=3) ;
```

　　A．0次　　　　　　B．1次　　　　　　C．2次　　　　　　D．无限次

（4）在C51的数据类型中，int型的数据长度为_____。

　　A．1 B　　　　　　B．2 B　　　　　　C．3 B　　　　　　D．4 B

（5）在C语言中，当do-while语句中的条件为_____时，结束循环。

　　A．0　　　　　　B．false　　　　　　C．true　　　　　　D．非0

（6）以下描述正确的是_____。

　　A．continue语句的作用是结束整个循环的执行

　　B．只能在循环体内和switch语句体内使用break语句

　　C．在循环体内使用break语句或continue语句的作用相同

D. 以上三种描述都不正确

（7）在 C 语言中，函数类型是由_____。

　　A. return 语句中表达式值的数据类型所决定

　　B. 调用该函数时的主调用函数类型所决定

　　C. 调用该函数时系统临时决定

　　D. 在定义该函数时所指定的类型所决定

2. 填空题

（1）一个 C 语言源程序中有且仅有一个_____函数。

（2）C51 程序中定义一个可寻址的变量 flag 访问 P3 口的 P3.1 引脚的方法是_____。

（3）C51 扩充的数据类型_____用来访问 51 单片机内部的所有专用寄存器。

（4）Keil C51 软件中，C 语言工程编译连接后生成可烧写的文件扩展名是_____。

3. 问答题

（1）哪些变量类型是 51 单片机直接支持的？

（2）简述 C51 对 51 单片机特殊功能寄存器的定义方法。

4. 上机操作题

有如下 Proteus 原理图，编程实现以下功能：

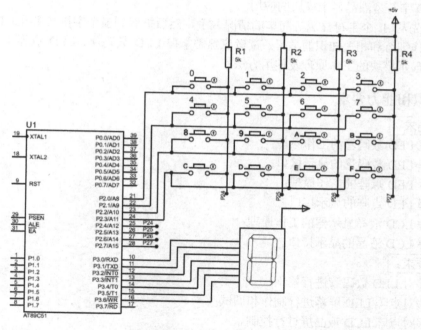

（1）系统上电后，按下按键，数码管可显示按键对应的字符，如按下"0"键，数码管显示字符 0，按下"F"键，数码管显示 F。

（2）模拟密码锁，设计程序。假设密码为"12AB"，输入 4 位密码后，若输入正确，则数码管显示"P"；若输入错误，则数码管显示"E"，表示密码错误。在系统不断电情况下，密码锁在上次开锁或者输入密码错误之后，能继续工作。

任务 4　单片机显示接口技术应用

4.1　学习目标

4.1.1　任务说明

发光二极管虽然能够用来指示状态，但是在一些需要表示复杂信息或数据的场合下远不能满足应用需求，因此需要了解和掌握更多显示器件的使用方法。本任务将介绍单片机显示接口技术，分为以下 3 大部分。

1）LED 数码管的应用。

2）LED 点阵的应用。

3）LCD 字符型液晶显示模块的应用。

学习时先从 1 个字符显示等简单的情况入手，然后扩展到多个字符（多屏）的情况。通过任务的操作训练和相关知识的学习，读者应熟悉掌握 LED 数码管、LED 点阵和字符液晶显示器等常用显示模块的工作原理及使用方法。

4.1.2　知识和能力要求

知识要求：

● 掌握 LED 数码管的工作原理；

● 掌握 LED 数码管的显示接口；

● 理解 LED 点阵的工作原理；

● 掌握 LED 点阵的显示接口；

● 理解 LCD 液晶显示器的工作原理；

● 掌握 LCD 液晶的显示接口。

能力要求：

● 能够对 LED 数码管进行控制；

● 能够对点阵 LED 屏幕进行制作和调试；

● 能够对点阵 LCD 液晶屏进行控制。

4.2　任务准备

4.2.1　LED 数码管

LED 数码管是除发光二极管外最常见的显示外设。一般根据系统所需要显示内容的丰富程度来选择数码管的位数，比如电子钟显示时、分、秒，一般至少需要 6 位数码管。

如图 4-1 所示，LED 数码管通常由 7 个亮段和 1 个小数点组成，7 个亮段实际上就是 7 个条形的发光二极管。按顺时针方向，这 7 个亮段分别称为 a、b、c、d、e、f、g。大多数数码管还带有一个小数点位 dp，相当于另一个独立的发光二极管。

图 4-1　电子记分牌和数码管

1. LED 数码管的结构与种类

数码管中亮段的发光原理和普通的发光二极管是一致的，所以可以把 8 个亮段看成 8 个发光二极管。如图 4-2 所示，根据内部发光二极管的公共端不同，数码管有共阳和共阴两种。

共阳极数码管的内部结构如图 4-2a 所示，8 个发光二极管的阳极连接在一起作为公共控制端（com），接高电平。阴极作为"段"控制端，当某段控制端为低电平时，该段对应的发光二极管导通并点亮。通过点亮不同的段，显示出不同的字符。如显示数字 1 时，b、c 两端接低电平，其他各端接高电平。

共阴极数码管的内部结构如图 4-2b 所示，8 个发光二极管的阴极连接在一起作为公共控制端（com），接低电平。阳极作为"段"控制端，当某段控制端为高电平时，该段对应的发光二极管导通并点亮。

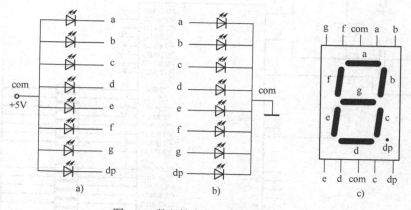

图 4-2　数码管内部结构与外部引脚

a) 共阳极　b) 共阴极　c) 外部引脚

通常将 7 个段码连同小数点共 8 位段码控制位共同组成一个字节，即 dp、g、f、e、d、c、b、a 依次对应一个字节的 $D_7D_6D_5D_4D_3D_2D_1D_0$ 位。以共阴极 LED 为例，如果要显示字符"3"，则需要 a、b、c、d、g 段亮，相应位的输入引脚应该置"1"，而 f、e、dp 段不亮，相应位的输入引脚应该置"0"，因此对应的段码数据为 01001111B，即 0x4F。这种用于控制显示不同字符的二进制字节编码称为段码。显示同一个字符时，共阴极和共阳极 LED 显示器的字形码互为反码。

通常将 LED 数码管能显示的所有字符汇总成一张表，称为段码表，见表 4-1。可以将此表定义为数组，显示时根据要显示的字符取出对应的段码输出显示。

表 4-1　LED 数码管段码表

显示字符	共阴极字形码	共阳极字形码	显示字符	共阴极字形码	共阳极字形码	显示字符	共阴极字形码	共阳极字形码	显示字符	共阴极字形码	共阳极字形码
0	0x3F	0xC0	8	0x7F	0x80	p	0x73	0x8C	3.	0xCF	0x30
1	0x06	0xF9	9	0x6F	0x90	u	0x3E	0xC1	4.	0xE6	0x19
2	0x5b	0xA4	a	0x77	0x88	h	0x76	0x89	5.	0xED	0x12
3	0x4F	0xB0	b	0x7C	0x83	l	0x38	0xC7	6.	0xFD	0x02
4	0x66	0x99	c	0x39	0xC6	"灭"	0x00	0xFF	7.	0x87	0x78
5	0x6D	0x92	d	0x5E	0xA1	0.	0xBF	0x40	8.	0xFF	0x00
6	0x7D	0x82	e	0x79	0x86	1.	0x86	0x79	9.	0xEF	0x10
7	0x07	0xF8	f	0x71	0x8E	2.	0xDB	0x24			

2. LED 数码管的控制方式

当有多个 LED 数码管同时使用时，其控制方式有静态和动态两种。

（1）静态方式

该方式下，共阴极数码管的阴极直接接地，共阳极的将阳极直接接+5 V，每个数码管的段控制线通过一个限流电阻与一位 I/O 口线相连，如图 4-3 所示，P2 口接一位共阳极数码管，P3 口接一位共阴极数码管，P2 和 P3 口称为段选口。

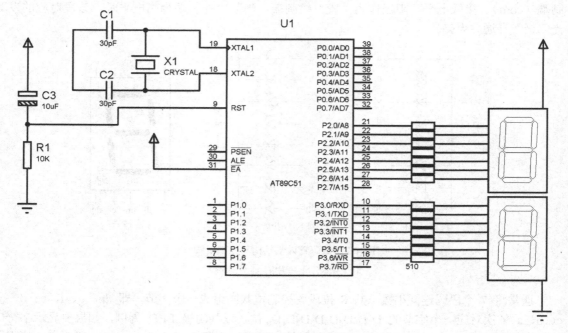

图 4-3　数码管静态显示原理图

静态显示方式的优点是编程简单，不需要对同一显示内容进行重复刷新，用较小的电流驱动就可以获得较高的亮度，且字符无闪烁；缺点是占用 I/O 端口资源太多。

（2）动态方式

多个数码管共用一个段选口，每一个数码管的共阴极或共阳极公共端由另一个 I/O 口分别控制，称为位选口。显示时，首先把要显示的段码送给段选口，然后通过位选口使对应显示位的位选有效（共阴的为低电平，共阳的为高电平），每一位显示一小段时间，然后切换到下一位，如此轮流显示，不停循环（即刷新）。虽然每一个时刻只有一个数码管是点亮的，但是由于人眼的视觉暂留作用，只要每秒钟刷新次数达到 24 次以上，人眼看到的将是各位同时在点亮。

图 4-4 所示是 Proteus 绘制的 4 位 LED（7SEG-MPX4-CA-BLUE）数码管动态显示的原理图，引脚 P2.0～P2.7 用于段码输出，称为段选线，P3 口的低 4 位作为位选线。4 位数码管显示从左向右依次为第 1 位、第 2 位、第 3 位和第 4 位。P2 口输出的字节决定了显示的内容，P3.0～P3.3 这 4 个引脚的状态决定了哪一位或哪几位数码管被点亮。

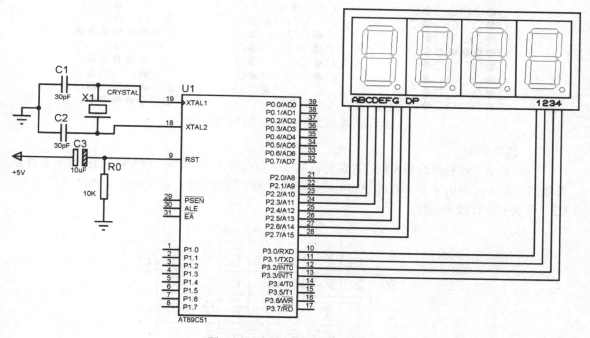

图 4-4　数码管动态显示原理图

4.2.2　LED 点阵

如果把许多独立的发光二极管整齐地排列在一起，就形成了发光二极管（LED）点阵。点阵中的每一个发光二极管都好比一个像素，可通过控制相应位置的发光二极管发光而其他熄灭来呈现出文字、图形等信息。

1. 显示原理

车站、商场中的大屏幕信息显示器大多由 LED 点阵组成，类似如图 4-5 所示的许多发光二极管点阵器件组合成一个完整的大屏幕。

图 4-5　发光二极管点阵器件

图 4-6 中的发光二极管点阵器件由 8（行）×8（列）共 64 个独立的发光二极管组成，在器件的正面有 64 个白色的圆点，这些圆点可以通过背面的引脚控制点亮。显示信息也正是通过点亮发光二极管组合实现的，例如，要在 8×8 的 LED 点阵上分别显示"H""0""古"等字符，可以按图 4-6 所示，点亮某些位置的发光二极管就可以了。

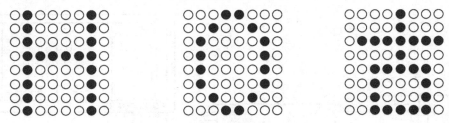

图 4-6　发光二极管点阵器件的信息显示

2. 器件结构

点阵显示字符利用的是人眼的视觉暂留效应，对点阵 LED 屏逐列或逐行扫描输出字符点阵编码。图 4-7 给出了 8×8 点阵行的电路原理图，为了使用方便，在引脚标上 R0～R7、C0～C7，分别对应行线和列线。

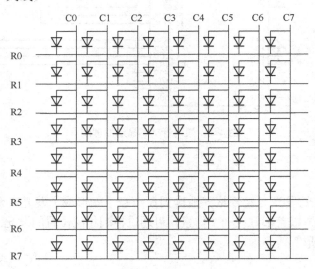

图 4-7　8×8 点阵行的电路原理

如图 4-7 所示，点阵中每一个发光二极管在行、列的交点上，只要行、列之间通过电流，则交点处的发光二极管就会发光。比如列 C2 和行 R2 之间有电流通过（C2 为高，R2 为低），则交点上的发光二极管被点亮。以字符"0"为例，如图4-8所示，如果按列取字模（从C0开始逐列），高位在前（R7在前，R0在后），则对应8个字节如下。

C0: 11111111B (0xFF)； C1:11000011B (0xC3)；

C2: 10111101B (0xBD)； C3: 01111110B (0x7E)；

C4: 01111110B (0x7E)； C5: 10111101B (0xBD)；

C6: 11000011B (0xC3)； C7: 11111111B (0xFF)。

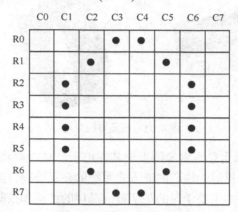

图4-8　数字0的显示效果图

如果发光二极管点阵与单片机的I/O口相连，则从I/O口依次输出这些编码，就会在器件上显示出"0"。假设用P0控制列线，P2口控制行线，则基本步骤如下：先选通C0列，向P0送列扫描信号为0x01（00000001B），同时往P2口送0xFF（11111111B）；接下来选通C1列，送P0口的列扫描信号为0x02（00000010B），同时往P2口送0xC3（11000011B），以此类推。

3. Proteus 中的点阵元件

Proteus 中的点阵元件是 8×8 的仿真元件，由于没标引脚名称，也不知道内部结构，所以还要进行下一步的工作。从元件库中拾取元件 MATRIX-8X8-GREEN，然后如图4-9所示，接上 V_{CC} 与 GND 进行测试。图中下方的引脚连接相同，接高电平时对应的列被点亮；图4-9上方靠左侧的4根引脚接低电平，上方4行的点被点亮，而上方靠右侧的4根引脚接低电平，下方4行的点被点亮，可知上方的引脚是行线，低电平有效。于是有结论：上行下列，行负列正。本任务的实例中将按图4-10设置8×8点阵元件在Proteus中的行列引脚。

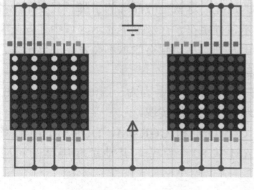

图4-9　8×8点阵行列测试

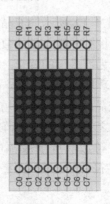

图4-10　行列线连接

4.2.3 字符型液晶显示模块

如图 4-11 所示，日常生活中随机可见液晶屏，常见的如运动手环上的液晶屏、电话机上的字符液晶屏、POS 机上的图形点阵液晶屏等。

图 4-11 液晶屏的应用

液晶屏的低功耗、展示信息丰富等特点使其在电子产品中得到广泛使用。在 90% 以上的场合中，液晶屏都是以单片机等为核心的嵌入式系统的显示外设。虽然液晶屏种类繁多，但控制方法非常相似，在本任务中主要学习的是字符液晶屏的结构和控制方法。

1. 字符液晶屏的显示原理

图 4-12 所示为一款 16×2 的字符液晶屏 LCD1602。16×2 表示该液晶屏每行最多显示 16 个字符，且能显示 2 行。显示的字符可以是英文大小写字母、数字、标点符号及常用符号等。图中显示区域中的内容包括了字母、数字及符号等信息。

图 4-12 16×2 型字符液晶屏

图 4-12 所示的液晶屏上侧有整齐排列的过孔，这就是液晶屏的引脚。只要用单片机对引脚进行控制并送入显示数据，显示屏就能显示各种字符。在液晶屏显示区域中还安装有光源器件，称为液晶屏的背光，它通过 2 个引脚供电发光，从而照亮原本不会发光的显示屏，这样即使周围环境的光线不够，也同样能看清显示的内容。

液晶屏的显示控制方法与七段数码管有本质区别，这是因为一般液晶屏中不存在"段"，取而代之的是一个个点阵块，每个字符的显示都由点阵块实现。

字符液晶屏一般都内置了 DDRAM、CGROM 和 CGRAM。DDRAM 用于寄存待显示的字符代码。16×2 字符液晶屏的 DDRAM 共 80 个字节，其地址和屏幕的对应关系见表 4-2。

表 4-2 LCD1602 的 DDRAM 地址和屏幕对应关系

显示位置		1	2	3	4	5	6	7	…	40
DDRAM 地址	第一行	0x00	0x01	0x02	0x03	0x04	0x05	0x06	…	0x27
	第二行	0x40	0x41	0x42	0x43	0x44	0x45	0x46	…	0x67

表 4-2 一行有 40 个地址，每行前 16 个为显示在屏幕上的。想要在 LCD1602 屏幕的第一行第一列显示一个 "A" 字，就要向 DDRAM 的 0x00 地址写入 "A" 的代码 0x41。由于在 LCD 模块上固化了字模存储器，如图 4-13 所示，根据代码 0x41 可以在字模存储器中找到对应字模，从而让 LCD 模块在屏幕的点阵上显示出 "A"。LCD1602 内置了 192 个常用字符的字模，存于 CGROM 中。另外还有 8 个字节允许用户自定义的字形 RAM，称为 CGRAM。字符代码 0x00～0x0F 为用户自定义的字符图形 RAM，0x20～0x7F 为标准的 ASCII 码，0xA0～0xFF 为日文字符和希腊文字符，其余字符码（0x10～0x1F、0x80～0x9F）没有定义。

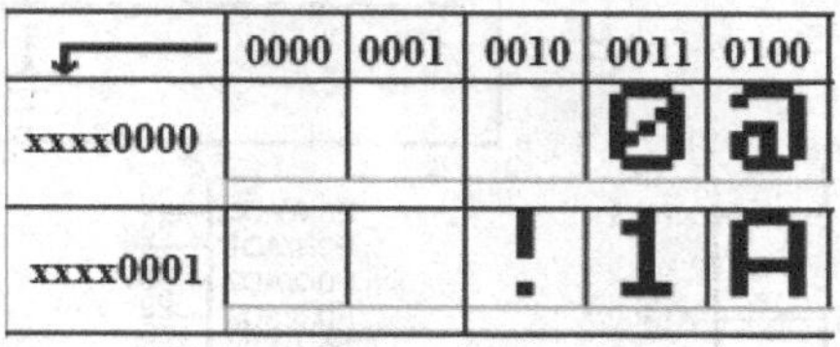

图 4-13 CGROM 中字符码与字符字模对应关系示例

2. 字符液晶显示器与单片机的接口

液晶屏的显示靠单片机对其引脚的控制实现，LCD1602 的引脚排列及名称见表 4-3。

表 4-3 LCD1602 的引脚排列和名称

引脚号	引脚名	输入/输出	作　用
1	Vss		电源地
2	V_EE		电源（+5 V）
3	V_DD		对比调整电压
4	RS	输入	0=输入指令，1=输入数据
5	RW	输入	0=向 LCD 写入指令或数据，1=从 LCD 读取信息
6	E	输入	使能信号，1 时读取信息，10（下降沿）执行指令
7	D0	输入/输出	数据总线 Line0（最低位）
8	D1	输入/输出	数据总线 Line1
9	D2	输入/输出	数据总线 Line2
10	D3	输入/输出	数据总线 Line3
11	D4	输入/输出	数据总线 Line4
12	D5	输入/输出	数据总线 Line5
13	D6	输入/输出	数据总线 Line6
14	D7	输入/输出	数据总线 Line7（最高位）
15	A		LCD 背光电源正极
16	K		LCD 背光电源负极

了解液晶显示模块的引脚功能后，它与单片机的接口电路就不难理解了。图 4-14 是 16×2 字符液晶屏与 51 单片机的接口电路。图中液晶显示模块的电源、背光接电源（V_{SS}、V_{DD}、V_{EE}），其他引脚（RS、RW、E、D0～D7）均与单片机的 I/O 口直接相连，其中数据线 D0～D7 占用单片机的 P3.0～P3.7 口，控制引脚则由 P2.0～P2.2 控制。

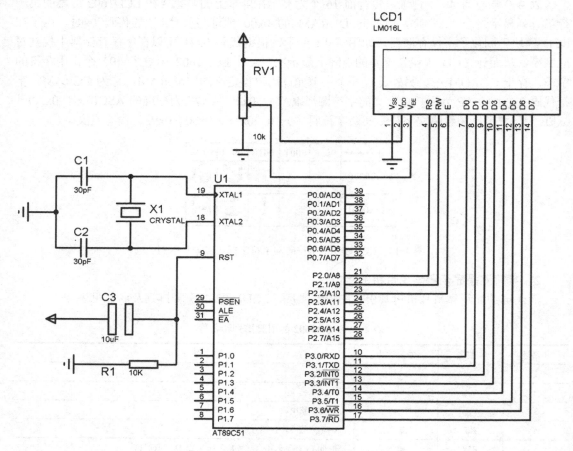

图 4-14　字符型液晶显示器与单片机的接口

3. 字符液晶显示器的常用命令与操作

　　单片机需要先向液晶显示屏输出相关的显示设置命令，然后再输出数据。通过 RS 引脚的状态来区分是设置命令还是输入数据。

　　当单片机向液晶屏输出显示设置命令时，RS 引脚应该清 0。

　　当命令设置完成之后，要使 RS 引脚置 1，以便向液晶屏输入显示数据。同时，RW 引脚也应该接低电平，液晶屏接收从 D0～D7 写入的数据。

　　当 RS 引脚和 RW 引脚设置好之后，对 E 引脚清 0，从而在 E 引脚上形成一个从高到低的跳变，这个跳变将使得命令或者待显示的数据从数据总线 D0～D7 进入液晶屏。

　　LCD1602 字符液晶屏的命令字见表 4-4。

表 4-4　字符液晶屏的命令字

命令代码（DB0～DB7）	命　　令	命令功能说明
0x01	清屏	清除液晶显示屏的显示数据
0x02	归位	光标、画面回到起始位置
0x04	光标左移	光标向左移动 1 位
0x05	画面右移	显示画面向右移动
0x06	光标右移	光标向右移动 1 位
0x07	画面左移	显示画面向左移动
0x08	关闭显示	显示、光标、闪烁关闭
0x0A	打开光标	只打开光标，显示、闪烁关闭
0x0C	打开显示	只打开显示，闪烁、光标关闭
0x0E	光标不闪烁	打开光标，光标不闪烁
0x0F	光标闪烁	打开显示和光标，光标闪烁
0x10	光标位置左移	光标的位置向左移动
0x14	光标位置右移	光标的位置向右移动
0x18	整个画面左移	整个显示画面向左移动 1 位
0x1C	整个画面右移	整个显示画面向右移动 1 位
0x38	显示设定	设定显示为 2 行，5×7 点阵
0x80	光标回到第 1 行开头	强制光标回到第 1 行的开头
0xC0	光标回到第 2 行开头	强制光标回到第 2 行的开头

4.3　任务实施

4.3.1　实例——智能车之数码管程序设计

1．任务要求

假设智能车有 1—循迹、2—避障和 3—红外遥控 3 种工作模式，默认工作在循迹模式，通过一个按键可以在 3 种工作模式之间切换，同时在数码管上显示相应的数字来表示当前工作的模式。编写程序实现按键和数码管的控制。

2．任务分析

完成以上任务只需要用 1 个数码管，显然用静态显示即可。按键检测时需要考虑去抖和按键松开的检测，这两种情况均可以通过软件方法处理。

3．硬件设计

如图 4-15 所示（对 2.2.7 节的智能车原理图做了简化，去除了与本任务不相关的部分），P0 口控制一个共阳极数码管，P3.2 引脚控制按键。需要特别注意 P0.7～P0.1 分别与 a～g 连接，也就是 a、b、c、d、e、f、g 依次对应字节的 $D_7D_6D_5D_4D_3D_2D_1$，与表 4-1 中的段码从高到低位刚好相反。因此在编写程序时需要重新分析各数字对应的段码。

4．程序设计

因为仅通过一个按键按压来选择智能车的工作模式，所以需要一个变量来记录当前按压的次数，假设变量名为 temp，每按压按键一次，temp 值加 1，当 temp 的值超过 3 后回到初值 1。temp 为 1 时，对应循迹模式，往 P0 口送数字 1 的段码，其他工作模式依次类推。

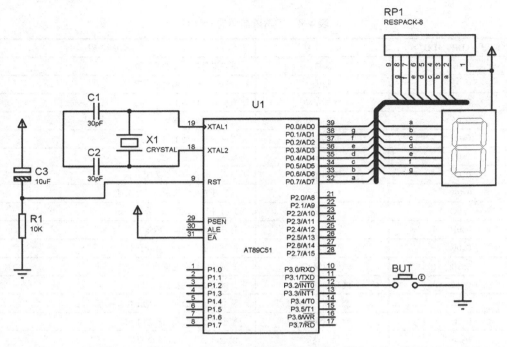

图 4-15　智能车数码管控制电路原理图

根据 3.3.1 节可知，通过软件延时的方式能够完成按键去抖。

为避免按键在压下期间被连续统计，确保一次单击仅能被统计一次，计数值应该在按键被压下再释放之后才能更新。

由此得到图 4-16 所示的程序流程图。

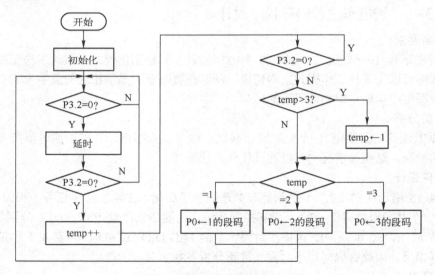

图 4-16　智能车数码管控制流程图

本实例对应的仿真电路如图 4-15 所示。注意 P0 口与数码管引脚的连接顺序，参考程序如下。

```
//4-1.c
#include <reg51.H>
unsigned char code    LedShowData[]={0x03,0x9F,0x25,0x0D,0x99,
                    0x49,0x41,0x1F,0x01,0x19};    //0,1,2,3,4,5,6,7,8,9 定义数码管显示数据
sbit P3_2 = P3^2;
#define ShowPort P0                 //定义数码管显示端口
void void delay_nms(unsigned int i)
{    unsigned char j;
    while(i--)
        for (j=0;j<120;j++);         //延时约 1ms
}
void main()
{    unsigned char temp = 1;
    while(1)                         //程序主循环
    {    if (P3_2 == 0)
        {          delay_nms(10);    //按键去抖
            if(P3_2 == 0)
                temp++;
            while(!P3_2);            //等待按键松开，防止重复计数
        }
        if (temp > 3)
            temp = 1;
        switch (temp)
        {    case 1:      ShowPort = LedShowData[1];break;
            case 2:      ShowPort = LedShowData[2];break;
            case 3:      ShowPort = LedShowData[3];break;
        }
    }
}
```

　　程序中的"while(!P3_2);"与图 4-16 中第 3 个判定"P3.2=0？"对应，表示检查按键有没有松开，如果此时按键处于按下的状态（P3.2 为 0），要等待按键松开（P3.2 变成 1，即高电平），才能进行下面的处理。读者可以尝试去掉此语句，观察有何现象发生，以加深对"避免按键重复计数"这一问题的理解。

4.3.2　实例——小型 LED 数码管字符显示屏控制

1. 任务要求
在图 4-4 的电路基础上编写程序，用 4 位数码管显示今天的日期（月、日）。

2. 任务分析
因为用到 4 位数码管，显然需要使用动态显示的方式进行控制，选择一个并行口作为段选口，另外还需要 4 根 I/O 口线作为位选线。假设今天是 6 月 15 日，需要分别在数码管 4 位上显示 0、6、1、5。依次往段选口送每位数字的段码，同时选通相应的数码管。

3. 硬件设计
图 4-17 使用的是 4 位并联的共阳极数码管，其中 P2 口接数码管的段选线，P3.0～P3.3 接

4 根位选线。

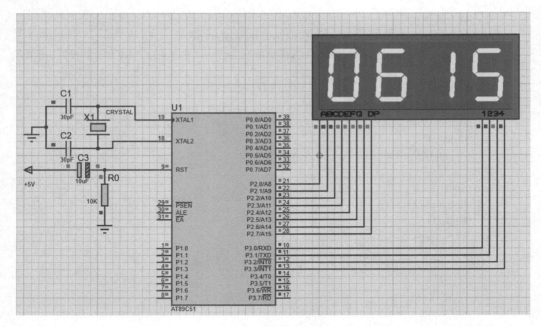

图 4-17   4 位数码管动态显示效果

4．程序设计

如图 4-18 所示，在 P3 口送位码 0x01 的时候，往 P2 口送 0xC0，1 号数码管会显示 0，然后加上延时，关闭显示，以达到消影的目的。

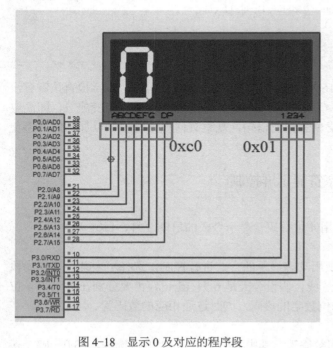

P2=0xC0;	//送 0 的段码
P3=0x01;	//送位码选通 1 号数码管
delay_nms(10);	//延时
P2=0xFF;	//消影

图 4-18   显示 0 及对应的程序段

按图 4-19 的步骤，依次往 P2 口再送数字 6、1、5 的段码，同时 P3 口送 2、3、4 号数码管选通的位码，就可以看到图 4-17 中显示屏所示效果。但是这样编写出来的程序不够简洁，并且当数码管位数增加之后，程序不方便扩展。比较合理的方法是把所有的段码定义成数组，位码也定义成数组，在程序中通过循环结构访问输出。

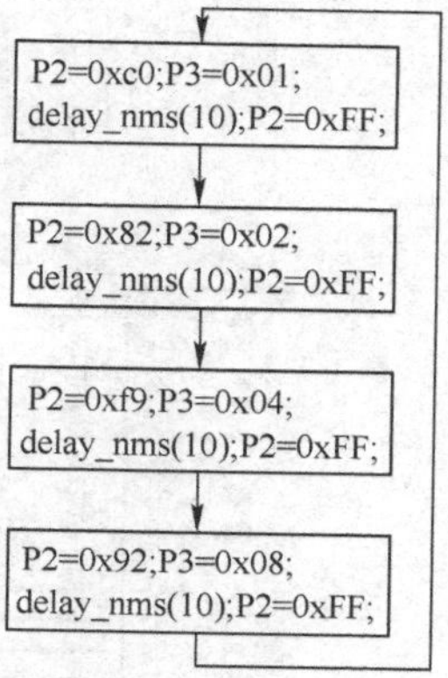

根据以上分析得到本实例的参考程序如下。

```
P2=0xc0;P3=0x01;
delay_nms(10);P2=0xFF;

P2=0x82;P3=0x02;
delay_nms(10);P2=0xFF;

P2=0xf9;P3=0x04;
delay_nms(10);P2=0xFF;

P2=0x92;P3=0x08;
delay_nms(10);P2=0xFF;
```

图 4-19　顺序处理

```c
//4-2.c
#include <reg51.h>      //包含头文件 reg51.h，定义了 51 单片机的专用寄存器
void delay_nms(unsigned int i)
{    unsigned char j;
     while(i--)
          for (j=0;j<120;j++);        //延时约 1ms
}
void main()                          //主函数
{    unsigned char code led[] = {0xC0,0x82,0xF9,0x92};
                                     //定义数组 led，依次存储 0615 的共阳极数码管显示码表
     unsigned char code com[] = {0x01,0x02,0x04,0x08}; //数码管 1～4 对应的位码
     unsigned char i;
     while(1)
     {    for(i = 0; i < 4;i++ )
          {    P2 = led[i];          //取段码送 P2 口显示
               P3 = com[i];          //当前数码管的位码
               delay_nms(10);
               P2 = 0xFF;            //消影处理
          }
     }
}
```

根据参考程序和上面的分析，可知 4 个数码管应该是轮流点亮的。下面进一步用 Proteus 的图形化分析工具和电压探针来分析一下位码的变化。

在图 4-20 的右下方可以看到，在任意时刻，4 根位选线只有 1 根处于高电平，这说明任意时刻只有 1 位数码管是点亮的。这进一步验证了数码管的动态显示利用了人眼的视觉暂留效应。读者也可以在参考程序 4-2.c 中把延时函数的参数调大，来观察数码管是否是逐位轮流显示的。

5. 举一反三

设计电路和程序，在 8 位数码管上显示建党和建国的日期（yyyymmdd），两种信息分两屏交替进行显示。

分析：在图 4-4 的基础上，替换使用 8 位并联的共阴数码管 7SEG-MPX8-CC-BLUE，用 P3 口的 8 根 I/O 口线作为位选线。

表 4-5 给出了 8 位共阴极数码管对应的位码，可以发现 1～8 号数码管的位码变化是有规律的，一个字节位码中的二进制 0 从 D_0 位逐位向左移位到 D_7 位，所以可以通过循环左移来调整位码，实现数码管的轮流点亮，效果和使用位码数组一样。

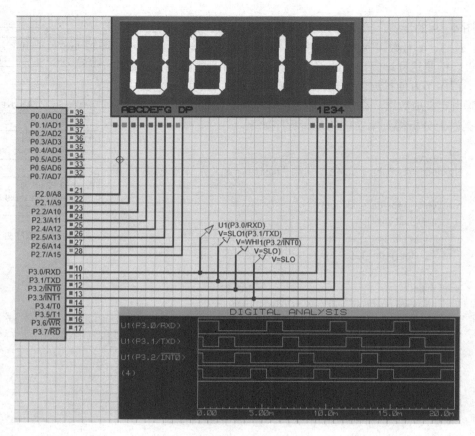

图 4-20　位选线的变化分析

表 4-5　8 位并联的共阴数码管位码

序　号	控制引脚	P3 口位码	
1	P3.0	11111110B	0xFE
2	P3.1	11111101B	0xFD
3	P3.2	11111011B	0xFB
4	P3.3	11110111B	0xF7
5	P3.4	11101111B	0xEF
6	P3.5	11011111B	0xDF
7	P3.6	10111111B	0xBF
8	P3.7	01111111B	0x7E

参考程序如下。

```
//4-3.c
#include <reg51.h>
#include <intrins.h>
#define uchar unsigned char
#define uint unsigned int
```

```c
uchar code SegCode1[8]={0x06,0x6F,0x5B,0x06,0x3F,0x07,0x3F,0x06};     //19210701
uchar code SegCode2[8]={0x06,0x6F,0x66,0x6F,0x06,0x3F,0x3F,0x06};     //19491001
void delay_nms(uint i)
{      uchar j;
       while(i--)
               for (j=0;j<120;j++);               //延时 1ms
}
void BufToSeg1(void)
{      uchar i;
       P3 = 0xFE;
       for(i=0;i<8;i++)
       {      P2=SegCode1[i];              //送段码
              delay_nms(1);
              P3=_crol_(P3,1);             //送位码
              P2=0x00;
       }
}
void BufToSeg2(void)
{      uchar i;
       P3 = 0xFE;
       for(i=0;i<8;i++)
       {      P2=SegCode2[i];              //送段码
              delay_nms(1);
              P3=_crol_(P3,1);             //送位码
              P2=0x00;
       }
}
void main()
{      uchar j;
       while(1)
       {      for(j=0;j<200;j++)
                     BufToSeg1();
              for(j=0;j<200;j++)
                     BufToSeg2();
       }
}
```

4.3.3 实例——简易 LED 点阵系统设计

1. 任务要求

在 8×8 LED 点阵上，循环显示数字 0~4。

2. 任务分析

根据 4.2.2 节的介绍，本实例中用 P0 口控制 LED 点阵的列线、P2 口控制行线，列共阳，采用从左到右、从上到下取模，按列扫描及按列共阳。由此，先确定数字 0~4 的字模，每个数字的字模占 8 个字节，一共 5 个数字，因此定义一个二维数组 led[5][8]来存放。数组的第一

维对应要显示的字符个数，第二维对应每个字符的 8 个字节字模。

因为要循环显示，所以通过延时的方式让每个字符扫描显示 200 次，之后取下一个字符进行显示。因此设计程序时，需要 3 重循环：第 1 重循环选择当前显示的字符；第 2 重循环，控制当前字符扫描次数；第 3 重循环执行 8 次，选择显示当前字符的 8 个字节字模中的第几个字节。

3. 硬件设计

本实例的电路原理图如图 4-21 所示。P0 口控制点阵的行线 R0～R7，P2 口控制点阵的列线 C0～C7。

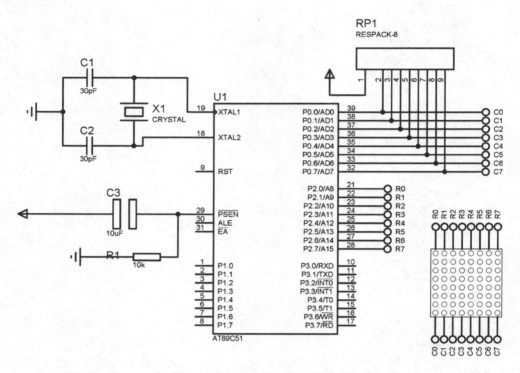

图 4-21　简易 LED 点阵电路原理图

4. 程序设计

参考程序如下。

```
//4-4.c
#include <reg51.h>
#include <intrins.h>
#define uchar unsigned char
#define uint unsigned int
void delay_nms(uint i)
{   uchar j;
    while(i--)
      for (j=0;j<120;j++);          //延时 1 ms
}
```

```
void main()
{   uchar code led[5][8]={
                          {0xFF,0xC3,0xBD,0x7E,0x7E,0xBD,0xC3,0xFF},    //0
                          {0xFF,0xFF,0x7D,0x00,0x00,0x7F,0xFF,0xFF},    //1
                          {0xFF,0x3B,0x3D,0x5E,0x6E,0x75,0x3B,0xFF},    //2
                          {0xFF,0xDB,0xBD,0x7E,0x66,0xA5,0xDB,0xFF},    //3
                          {0xFF,0xC7,0xDB,0xDD,0xDE,0x01,0xDF,0xFF},    //4
                          };
        P0 = 0x01;
        while(1)
        {   uchar i,j,m;
            for (j = 0; j < 5;j++)            //第 1 维用于控制取哪个字符
                for (m = 0; m < 200;m++)      //每个字符扫描显示 200 次，即 1 s
                    for(i = 0;i < 8;i++)      //第 2 维取每个字符的列，控制 8 列显示内容
                    {   P2 = led[j][i];       //显示码送 P2 口（行控制）
                        delay_nms (1);
                        P0 = _crol_(P0,1);//取下一列（列控制）
                        P2 = 0xFF;
                    }
        }
}
```

5．举一反三

使用 4 个 8×8 点阵 LED 显示屏设计一个 16×16 的 LED 点阵式电子广告屏，循环显示"欢迎您"字样。

由 4 个 8×8 的 LED 点阵组成 16×16 LED 点阵显示屏，如图 4-22 所示。将上面两片 8×8 LED 点阵模块的行并联在一起组成 ROW0～ROW7，下面两片点阵模块的行并联在一起组成 ROW8～ROW15，由此组成 16 根行扫描线；将左边上、下两片点阵模块的列并联在一起组成 COL0～COL7，右边上下两片点阵模块的列并联在一起组成 COL8～COL15，由此组成 16 根列线。

图 4-22 所示的点阵形式是中文汉字显示屏的基本模型，很多场合使用的显示屏都是基于 16×16n 的，因为 16×16 是一个汉字正常显示要求的最小横向点数和纵向点数，n 越大，表示屏幕越宽。

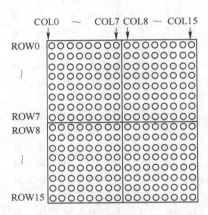

图 4-22　16×16 LED 点阵

图 4-23 中，单片机的 P0 口和 P2 口共 16 位，控制点阵的 16 行，P3.0～P3.3 通过 4-16 译码器 74154 对点阵的 16 列进行控制。因为列较多，使用译码器 74154 可以节约单片机的 I/O 口，如果不用译码器，则需要 16 个 I/O 引脚进行列控制，见表 4-6。通过 74154 译码后，能唯一选中点阵的一列，接着把每列的显示数据从 P0、P2 口输出就可以得到一列的显示信息。

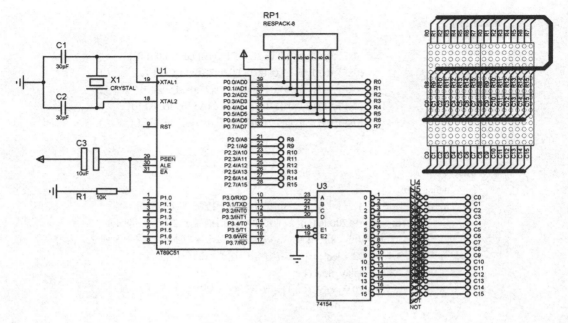

图 4-23　16×16 LED 点阵原理图

表 4-6　译码器 74154 真值表

输	入					输	出													
E1	E2	D	C	B	A	0	1	2	3	4	5	6	7	8	9	10	11	12	13	14	15
L	L	L	L	L	L	L	H	H	H	H	H	H	H	H	H	H	H	H	H	H	H
L	L	L	L	L	H	H	L	H	H	H	H	H	H	H	H	H	H	H	H	H	H
L	L	L	L	H	L	H	H	L	H	H	H	H	H	H	H	H	H	H	H	H	H
L	L	L	L	H	H	H	H	H	L	H	H	H	H	H	H	H	H	H	H	H	H
L	L	L	H	L	L	H	H	H	H	L	H	H	H	H	H	H	H	H	H	H	H
L	L	L	H	L	H	H	H	H	H	H	L	H	H	H	H	H	H	H	H	H	H
L	L	L	H	H	L	H	H	H	H	H	H	L	H	H	H	H	H	H	H	H	H
L	L	L	H	H	H	H	H	H	H	H	H	H	L	H	H	H	H	H	H	H	H
L	L	H	L	L	L	H	H	H	H	H	H	H	H	L	H	H	H	H	H	H	H
L	L	H	L	L	H	H	H	H	H	H	H	H	H	H	L	H	H	H	H	H	H
L	L	H	L	H	L	H	H	H	H	H	H	H	H	H	H	L	H	H	H	H	H
L	L	H	L	H	H	H	H	H	H	H	H	H	H	H	H	H	L	H	H	H	H
L	L	H	H	L	L	H	H	H	H	H	H	H	H	H	H	H	H	L	H	H	H
L	L	H	H	L	H	H	H	H	H	H	H	H	H	H	H	H	H	H	L	H	H
L	L	H	H	H	L	H	H	H	H	H	H	H	H	H	H	H	H	H	H	L	H
L	L	H	H	H	H	H	H	H	H	H	H	H	H	H	H	H	H	H	H	H	L
L	H	×	×	×	×	H	H	H	H	H	H	H	H	H	H	H	H	H	H	H	H
H	L	×	×	×	×	H	H	H	H	H	H	H	H	H	H	H	H	H	H	H	H
H	H	×	×	×	×	H	H	H	H	H	H	H	H	H	H	H	H	H	H	H	H

　　假设一个中文汉字的点阵是 16×16，则要显示的内容多于两个汉字时，需要将它们分屏显示。以下参考程序是 16×16 点阵显示"欢迎您"3 个汉字的程序。

```c
//4-5.c
#include <reg51.h>
#include <intrins.h>
#define uchar unsigned char
#define uint unsigned int
void delay_nms(uint i)
{   uchar j;
    while(i--)
            for (j=0;j<120;j++);                //延时 1 ms
}
void main()
{   uchar code led[3][32]={
                {0xFB,0xEF,0xDB,0xF7,0xBB,0xF9,0x7B,0xFE,
                 0x9B,0x7D,0x63,0xB3,0xBF,0xDF,0xCF,0xE7,
                 0xF0,0xF9,0x37,0xFE,0xF7,0xF9,0xF7,0xE7,
                 0xD7,0xDF,0xE7,0xBF,0xFF,0x7F,0xFF,0xFF },   /*"欢",0*/
                {0xBF,0xFF,0xBF,0xBF,0xBD,0xDF,0x33,0xE0,
                 0xFF,0xDF,0xFF,0xBF,0x03,0xB0,0xFB,0xBB,
                 0xFD,0xBD,0xFF,0xBF,0x03,0x80,0xFB,0xBD,
                 0xFB,0xBB,0x03,0xBC,0xFF,0xBF,0xFF,0xFF },   /*"迎",1*/
                {0xDF,0xBF,0xEF,0xCF,0xF7,0xFF,0x03,0x88,
                 0xDC,0x7F,0xEF,0x7E,0x77,0x77,0x98,0x4D,
                 0xFB,0x7B,0x0B,0x7C,0xFB,0x7F,0xDB,0x1F,
                 0xAB,0xFF,0x73,0xEE,0xFF,0x9F,0xFF,0xFF }    /*"您",2*/
                };
        while(1)
        {   uchar i,j,m;
            for (j = 0; j < 3; j++)              //第 1 维用于控制取哪个字符
                    for (m = 0; m < 200; m++)    //每个字符扫描显示 200 次，即 1 s
                        for(i=0;i<16 ; i++)      //第 2 维取每个字符的列，控制 16 列显示内容
                        {
                            P3 = i;
                            P0 = led[j][2*i];        //0～7 行送 P0 口
                            P2 = led[j][2*i+1];      //8～16 行送 P2 口
                            delay_nms(1);
                            P0 = P2 = 0xFF;
                        }
        }
}
```

4.3.4 实例——字符型 LCD 液晶显示广告牌控制

1. 任务要求

用单片机控制 LCD1602 模块，在上行靠左侧显示"I Love China!"，下行靠右侧显示"Smart Car"，效果如图 4-24 所示。

图 4-24　字符型 LCD 显示效果

2. 任务分析

要实现图 4-24 显示的效果，要明确待显示的 2 行字符串在 16×2 液晶屏上的位置。为了分析方便，从 0 开始编行列号，见表 4-7。在 0 行上显示第 1 个字符串 "I Love China!"，显示时从 0 行 0 列位置开始显示，所以在写入该字符串时需要用命令 0x80（见表 4-3），让光标定位到 0 行开头，一共显示 13 个字符；第 2 个字符串 "Smart Car" 有 9 个字符，要靠右侧显示，因此 1 行的前 7 列要空出来，写入之前要用命令 0xC7 把光标定位到 1 行 7 列。

表 4-7　16×2 液晶屏显示的字符

行	列															
---	00	01	02	03	04	05	06	07	08	09	0A	0B	0C	0D	0E	0F
0	I		L	o	v	e		C	h	i	n	a	!			
1								S	m	a	r	t		c	a	r

在写入第 1 个字符串之前，需要对液晶屏进行初始化操作，先后要用到表 4-4 中的命令 0x38、0x01、0x06、0x0C。可以将这 4 个命令定义在初始化函数 Initialize_LCD( ) 中。

3. 硬件设计

本实例的电路原理图如图 4-14 所示，数据线 D0～D7 与单片机的 P3.0～P3.7 口连接，控制引脚则由 P2.0～P2.2 控制。

4. 程序设计

本实例的参考程序如下。

```
//4-6.c
#include <reg51.h>
#define uchar unsigned char
#define uint unsigned int
sbit RS = P2^0;
sbit RW = P2^1;
sbit EN = P2^2;
sfr   D07 = 0xB0;                       //D07 是 LCD 的 D0～D7
void delay_nms(uint i)
{   uchar j;
    while(i--)
            for (j=0;j<120;j++);        //延时 1 ms
}
uchar Busy_Check()                      //忙检查
{   uchar LCD_Status;
    RS = 0;                             //选择指令寄存器
    RW = 1;                             //读状态寄存器
```

```
        EN = 1;                                          //开始读
        delay_nms(1);
        LCD_Status = D07;
        EN = 0;
        return        LCD_Status;
}
    void Write_LCD_Command(uchar cmd)                    //写 LCD 命令
    {    while ((Busy_Check() & 0x80) == 0x80) ;         //LCD 忙，等待
        RS = 0;                                          //选择指令寄存器
        RW = 0;                                          //写
        EN = 0;
        D07 = cmd;                                       //写入命令
        EN = 1;                                          //EN 出现负跳变，执行指令 cmd
        delay_nms(1);
        EN = 0;
}
    void Write_LCD_Data(uchar dat)                       //发送数据
    {    while ((Busy_Check() & 0x80) == 0x80) ;         //LCD 忙，等待
        RS = 1;                                          //选择数据寄存器
        RW = 0;                                          //写
        EN = 0;
        D07 = dat;                                       //写入数据
        EN = 1;                                          //EN 出现负跳变
        delay_nms(1);
        EN = 0;
}
    void Initialize_LCD( ) //  LCD 初始化
    {    Write_LCD_Command(0x38);       //功能设置：数据长度为 8 位，显示 2 行，5*10 点阵
        delay_nms(1);
        Write_LCD_Command(0x01);        //清屏
        delay_nms(1);
        Write_LCD_Command(0x06);        //字符进入模式设置：屏幕不移动，字符后移
        delay_nms(1);
        Write_LCD_Command(0x0C);        //显示开关设置：显示屏开，关闭光标
        delay_nms(1);
}
    void main()
    {    uchar code Promt1[] = "I Love China!";
        uchar code Promt2[] = "Smart Car";
        uchar num;
        Initialize_LCD();
        Write_LCD_Command(0x80);        //将数据写入第 1 行第 1 列处
        for (num =0;num<13;num++)        //写入 13 字节数据
        {    Write_LCD_Data(Promt1[num]);
            delay_nms(5);
        }
```

```
            Write_LCD_Command(0xC7);        //将数据写入第 2 行的第 8 列处
            for (num =0;num<9;num++)         //写入 9 字节数据
            {       Write_LCD_Data(Promt2[num]);
                    delay_nms(5);
            }
            while(1);
    }
```

4.3.5　实例——简易密码锁

1. 任务要求

要求完成一位简易密码锁设计，功能如下。

1）用 16 个按键分别代表字符 0～9 和 A～F，开锁密码为字符 6。

2）系统上电后 LED 熄灭（代表上锁），数码管显示闪烁"8"，闪烁 2 次后改为"-"（即待机状态）。

3）单击按键表示输入一位密码，若密码输入正确，LED 亮（代表开锁），数码管闪烁显示 2 次"P"后，自动进入待机状态（表示过期自动上锁）。

4）否则 LED 保持熄灭（表示开锁错误），数码管闪烁 2 次显示"E"后自动进入待机状态。

2. 任务分析

根据任务要求，用一位数码管显示密码锁的状态信息。数码管采用静态连接方式，16 个按键采用 4×4 矩阵键盘连接方式，通过一个发光二极管的亮灭表示开锁或上锁状态。

3. 硬件设计

电路原理图如图 4-25 所示，用 P2.0～P2.3 作为行列式键盘的行线，用 P2.4～P2.7 作为列线。P0 口接共阳极数码管一个，发光二极管以低电平驱动方式接在 P3.7 引脚上。

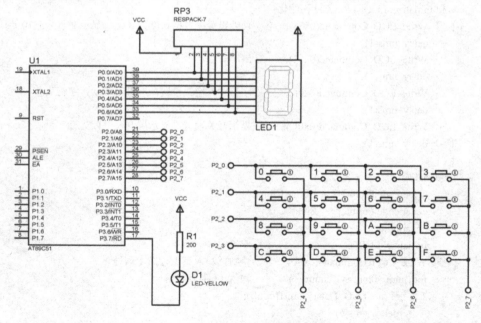

图 4-25　简易密码锁电路原理图

4. 程序设计

程序设计思路如下：按键闭合检测可以采用 3.2.3 节的逐列检测方法；LED 操作和数码管显示可以通过自定义函数 action(char stat, char num)完成，其中形参 stat 代表 "8" "P" 和 "E" 的段码，num 代表开锁和上锁的状态。此外，函数 action( )还要承担字符闪烁控制和待机字符显示的任务。

本实例参考程序如下。

```c
//4-7.c
#include <reg51.h>
#define uchar unsigned char
#define uint unsigned int
sbit lock=P3^7;                                    //定义端口变量
//定义数码管的操作变量
uchar init=0x80;                                   //初始显示 8
uchar on=0x8C;                                     //密码正确显示 P
uchar off=0x86;                                    //密码正确显示 E
uchar wait=0xBF;                                   //待机显示-
//定义 LED 的操作变量
uchar lock_on=0,lock_off=1;
void delay_nms(uint n)
{       uchar j;
        while(n--)
               for(j=0;j<120;j++);
}
char getKey(void)                                  //定义读键值函数
{       uchar temp,row,column,i;
        uchar code ColumnCode[4] = {0xEF,0xDF,0xBF,0x7F};  //从 0 列开始
        P2 = 0x0F;                                 //置低 4 位输入状态
        temp = P2 & 0x0F;
        if (temp != 0x0F)                          //有键按下，处理开始
        {       delay_nms(10);                     //延时防抖
                temp = P2 & 0x0F;
                if (temp != 0x0F)                  //确实有键按下
                {       switch(temp)
                        {       case 0x07: row = 3; break;   //3 行有键按下
                                case 0x0B: row = 2; break;   //2 行有键按下
                                case 0x0D: row = 1; break;   //1 行有键按下
                                case 0x0E: row = 0; break;   //0 行有键按下
                                default: break;
                        }
                        for (i=0;i<4 ;i++)
                        {       P2 =ColumnCode[i];           //高 4 位列扫描
                                temp = P2 & 0x0F;            //读低 4 位
                                if (temp != 0x0F)            //低 4 位不全为 1 对应列有键按下
                                {       column = i; break;
                                }
```

```c
                        }
                        return (row * 4 + column);      //计算按键编号 0～15
                }                                       //有键按下，处理结束
        }
        else
                P2= 0xFF;
        return -1;                                      //无键按下，返回无效码
}
void action(uchar stat,uchar num)                       //定义操控函数
{       uchar i;
        lock=num;                                       //定义开锁状态变量
        for(i=0;i<2;i++)                                //显示字符闪烁 2 次控制
        {       P0=stat;                                //显示字符
                delay_nms(500);
                P0=0xFF;                                //数码管熄灭
                delay_nms(500);
        }
        P0=wait;                                        //显示待机字符 "-"
        lock=1;                                         //上锁
}
void main(void)                                         //主函数
{       char key = 0;                                   //键值初始值
        action(init,lock_off);                          //初始化闪烁显示 8，上锁，进入待机
        while(1){                                        //无限循环
                key = getKey();                         //获得闭合键号
                if (key != -1){
                        if (key != 6) action(off,lock_off); //密码不符，显示 E，上锁
                        else action(on,lock_on);        //密码符合，显示 P，先开锁再上锁
                }
        }
}
```

5．举一反三

参考程序 4-7.c 中使用的是逐列扫描法，也可以用行列反转法得到相同的结果。下面考虑用 LCD 液晶和行列式键盘实现一个 8 位密码的密码锁。

假定阵键盘电路由 P1 口低 4 位控制 4 行，P1 口高 4 位控制 4 列，液晶显示模块的 8 条数据线与 P0 口相连，3 条控制线 RS、RW、E 分别与 P2.0、P2.1 和 P2.2 连接，模拟锁状态的发光二极管由 P3.7 控制，如图 4-26 所示。

密码锁功能如下。

1）系统上电，液晶显示 "Input password:"，此时可以输入 8 位数字密码（比如 87654321），然后按 12 号键开锁。

2）如果输入密码正确，则显示 "The door is open!" 同时发光二极管点亮，延时一段时间之后返回初始状态；如果密码错误，则提示 "The password is wrong!"，延时一段时间之后返回初始状态。

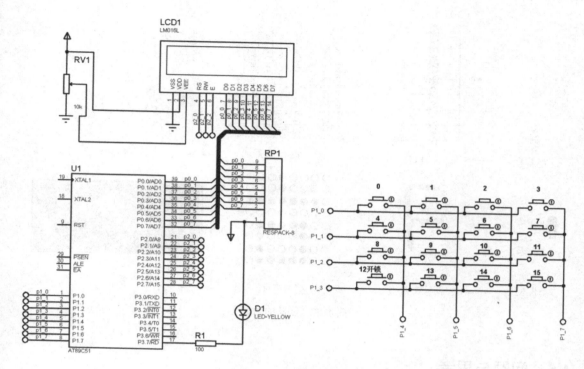

图 4-26　LCD 密码锁电路图

注意： 由于 LCD 密码锁系统中包含液晶模块、矩阵键盘模块等，其中液晶模块包含很多子函数，因此在开发环境中最好先建立一个项目工程，在项目工程下再包含若干模块文件，避免大量的函数代码都堆积在主程序文件中，这样使得程序结构清晰、模块性强，提高了可读性和可移植性，受篇幅限制，本案例项目工程文件等请随教材资源下载。

4.4　小结

本任务通过 5 个实例设计及相关拓展，介绍了单片机与 LED 数码管、LED 点阵、LCD液晶模块等常见显示输出器件的接口和编程应用。需要掌握的重点内容如下。

1）LED 数码管静态显示。

2）LED 数码管动态显示。

3）LCD 点阵和屏幕动态显示。

4）LCD 字符液晶显示。

思政小贴士：团队的力量

如图 4-27 所示，1 个发光二极管只有两种状态，即亮或灭；8 个发光二极管组成数码管，能显示 0~9 等字符；当更多的发光二极管组成点阵时，能够显示复杂的汉字甚至图形，实现美观的效果。这说明团队的力量是巨大的，我们在工作学习中也应当发扬团队合作精神，以完成单打独斗无法做到的事情。

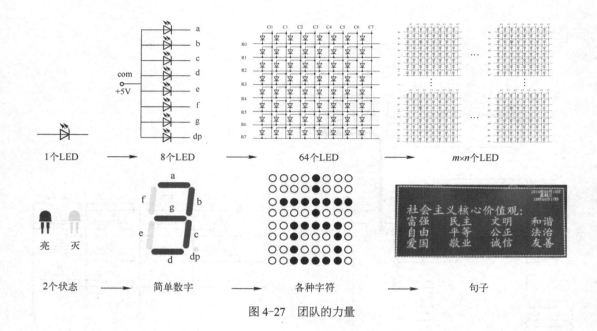

图 4-27 团队的力量

4.5 问题与思考

1.选择题

（1）已知共阴极 LED 数码管中，a 段对应于字模的最低位。若需显示字符 H，则它的段码应为_____。

    A．0x76   B．0x7F   C．0x80   D．0xF6

（2）共阳极 LED 数码管显示字符"5"的段码是_____。

    A．0x06   B．0x7D   C．0x82   D．0x92

（3）若 LED 数码管显示字符"8"的段码是 0x80，则可以断定该数码管是_____。

    A．共阴极数码管   B．共阳极数码管

    C．动态显示原理   D．静态显示原理

（4）在共阴极 LED 数码管使用中，若需仅显示小数点，则其显示段码是_____。

    A．0x80   B．0x10   C．0x40   D．0x7F

（5）若将 LED 数码管用于动态显示，应将各位数码管的_____。

    A．全部位选线并联起来   B．全部位选线串联起来

    C．相同段选线并联起来   D．相同段选线串联起来

（6）下列关于 LED 数码管动态显示的描述中，_____是正确的。

    A．只有共阴极数码管可用于动态显示

    B．只有 P2 口支持数码管的动态显示方式

    C．每个 I/O 口都可用于数码管的动态显示

    D．动态比静态显示占用 CPU 机时少，发光亮度稳定

（7）LCD1602 字符液晶屏清屏的命令代码是_____。

    A．0x01   B．0x02   C．0x04   D．0x05

2. 填空题

（1）七段数码管按公共端的连接方式不同，分为_____和_____，图 4-28 所示的数码管显示数字 5，则段码是_____。

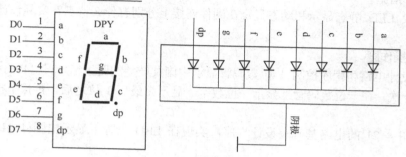

图 4-28　填空题（1）图

（2）图 4-29 为 8 位并联的共阳极七段数码管，位选线 1～8 依次接 P2.0～P2.7，段选线 a～dp 依次接 P0.0～P0.7，如果要在最高位显示数字 1，请问 P2 口送出的位码为_____；P0 口送出的段码为_____。

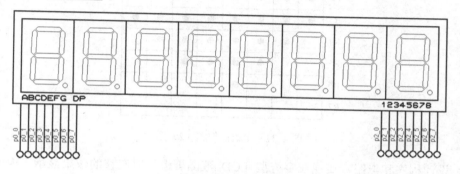

图 4-29　填空题（2）图

（3）根据图 4-7 的显示原理，如果按列取字模（从 C0 开始逐列），高位在前（R7 在前、R0 在后），要在 8×8 的 LED 点阵上显示出图 4-30 所示的字符，那么 C2 列对应的字节是_____。

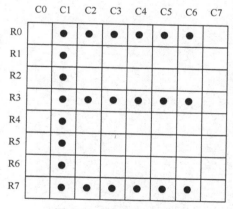

图 4-30　填空题（3）图

3. 问答题

（1）把 4.3.1 节中图 4-15 的共阳极数码管直接换成共阴极的，能否正常显示？为什么？应该采取什么措施？

（2）七段 LED 静态显示和动态显示在硬件连接上分别有什么特点？实际设计时应该如何选择使用？

4. 上机操作题

（1）请设计电路和程序控制 1 位数码管显示中国共产党的诞生纪念日"19210701"，要求按键每按下一次，在一位数码管上显示一位数字，显示完最后 1 位之后，再按下按键回到第 1 位显示。

（2）在图 4-21 的电路基础上设计程序，实现在 LED 点阵上显示出图 4-31 所示的爱心形状。

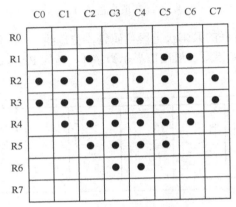

图 4-31　上机操作题（2）图

（3）设计程序和电路，实现在字符型 LCD 液晶屏上，以左移的效果显示"Welcome to China！We are the family！"

任务 5　单片机中断技术应用

5.1　学习目标

5.1.1　任务说明

首先通过一个 P3.2 引脚上按键控制信号灯的案例，引入中断这一概念，然后带着问题开始本任务的学习。本任务分为以下 3 个部分。

1）智能车的外部中断程序设计。

2）基于中断控制的报警系统设计。

3）基于中断控制的交通信号灯设计。

通过任务的操作训练和相关知识的学习，读者应熟悉单片机中断系统的工作原理，掌握单片机中断的控制方法，提高单片机开发水平。

5.1.2　知识和能力要求

知识要求：

- 掌握单片机中断源和中断标志的概念；
- 熟悉单片机的中断类型号；
- 掌握 IE 寄存器和 IP 寄存器的功能；
- 掌握单片机外部中断初始化程序的编写方法；
- 掌握中断函数的编写方法；
- 理解中断法和查询法的区别。

能力要求：

- 能灵活运用单片机中断请求来源；
- 能根据项目要求进行 IE 寄存器的设置；
- 能根据项目要求进行 IP 寄存器的设置；
- 能编写单片机中断入口函数头；
- 能编写单片机中断程序。

5.2　任务准备

5.2.1　案例导入

如图 5-1 所示，单片机的 P3.2 引脚接一个按键，编写图 5-2 所示程序，每按下按键一次，引脚 P2.0 上的发光二极管就会亮灭切换一次。

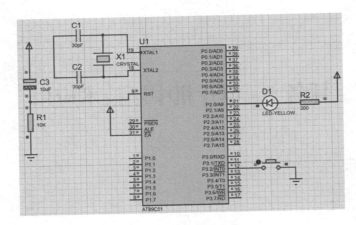

图 5-1　导入案例电路图

```
1    #include <reg51.h>
2    sbit p2_0=P2^0;
3
4    void int0_srv () interrupt 0{
5        p2_0 = !p2_0;
6    }
7
8    void main(){
9        IT0=1;
10       EX0=1;
11       EA=1;
12       while(1);
13   }
```

图 5-2　导入案例源程序

观察 Proteus 环境下的仿真结果，并思考下面几个问题。

问题 1：发光二极管为什么会出现亮灭变化？

问题 2：语句 "p2_0 = !p2_0" 是什么时候执行的？

问题 3：程序中并没有对 P3_2 引脚状态检测的语句，也没有调用函数 int0_srv()，那么是什么原因使 CPU 脱离死循环，调用函数 int0_srv() 的？

问题 4：如果按键接到 P3.2 以外的引脚上，能否观察到同样的现象？

问题 5：程序中将 EA、EX0、IT0 设置为 1，有何作用？

根据目前所学知识，读者可以回答问题 1 和问题 2。显然，执行了图 5-2 中第 5 行语句 p2_0 = !p2_0，让 P2.0 引脚状态发生了反转，所以发光二极管亮灭状态有变化。这条语句应该是按下 P3.2 引脚上的按键之后执行的。

但是，要回答问题 3～问题 5，需要进一步学习本任务的相关内容。

5.2.2　中断系统概述

现代计算机都具有实时处理能力，以应对突然发生的事件，如人工干预外部事件及意外故障，做出实时响应或处理，这是依靠其中断系统来实现的。

以现实生活中的例子说明中断的概念，如图 5-3a 所示，某人正在看书时，突然电话铃响了，他可能放下书去接电话，电话打完后他再重新开始看书。这种停止手头任务去执行一项更紧急的任务，等到紧急任务完成后再继续执行原来任务的概念就是中断。

114

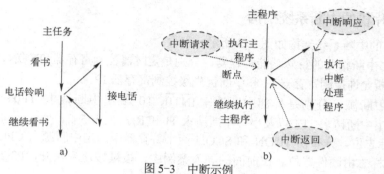

图 5-3　中断示例

a) 生活中的　b) 单片机中的

对于单片机来讲，中断是指 CPU 在处理某一事件 A 时，发生了事件 B，请求 CPU 立即去处理（中断发生）；CPU 暂时停止当前的工作（中断响应），转去处理事件 B（中断处理）；待 CPU 将事件 B 处理完毕后，再回到原来事件 A 被中断的地方继续处理事件 A（中断返回），这一过程称为中断，如图 5-3b 所示。

中断的相关概念见表 5-1。与中断有关的概念还有一个叫中断嵌套，意思是，如果单片机正在处理一个中断程序，此时又有另一个更紧急的中断现象发生，单片机将会停止当前的中断程序，而转去执行新的中断程序，新的中断程序处理完毕后，再回到刚才停止的中断程序处继续执行，执行完后再返回主程序继续执行主程序，如图 5-4a 所示。

联系前面的生活示例，如果某人在接电话的时候，突然煤气上的水开了，此人先放下电话，去关煤气、灌开水，然后再回去接电话，如图 5-4b 所示。

表 5-1　中断相关概念

概　　念	说　　明	导入案例中的对应情况
中断源	引起中断的原因，或者能发出中断申请的来源	外部中断 0
中断请求	中断源向 CPU 提出的处理请求	P3.2 引脚上出现高电平到低电平的跳变
主程序	中断发生之前 CPU 正在执行的程序	主函数 main()
中断服务程序	CPU 响应中断后转去执行的相应处理程序	中断函数 int0_srv()
断点	主程序被断开的位置或者地址	较大可能在 while(1) 循环内

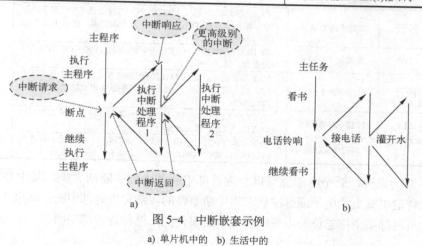

图 5-4　中断嵌套示例

a) 单片机中的　b) 生活中的

115

5.2.3　51 单片机的中断系统结构

51 单片机的中断系统结构如图 5-5 所示，包含：

1）4 个与中断相关的特殊功能寄存器，分别是定时器控制寄存器 TCON、串口控制寄存器 SCON、中断允许控制寄存器 IE 和中断优先级控制寄存器 IP。

2）5 个中断源，分别是外部中断请求 $\overline{INT0}$、T0 溢出中断请求 TF0、外部中断请求 $\overline{INT1}$、T1 溢出中断请求 TF1 以及串口中断请求 TI 和 RI，见表 5-2。

3）中断标志位，分布在 TCON 和 SCON 两个寄存器中，当中断源向 CPU 发出中断请求时，相应中断标志由硬件置位。在前面的导入案例中，按键按压到松开，P3.2 引脚上出现下降沿，IE0 硬件自动置 1，向 CPU 请求中断处理。

4）中断允许控制，分为中断允许总控制位 EA 与各个中断源控制位，它们均在 IE 寄存器内。

5）5 个中断源的排列顺序由中断优先级控制寄存器 IP 和自然优先级共同确定。

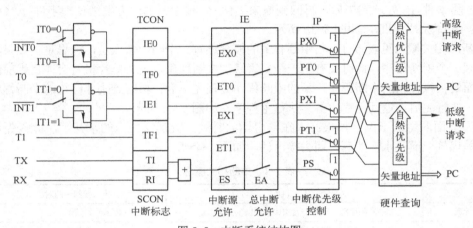

图 5-5　中断系统结构图

表 5-2　51 单片机中断源

中断号	中断源	中断源	说明	自然优先级
0	$\overline{INT0}$	外部中断 0 请求	P3.2 引脚输入，通过 IT0(TCON.0)选择是低电平还是下降沿有效。输入信号有效时，向 CPU 发中断请求，建立 IE0 标志位(TCON.1)	高
1	TF0	T0 溢出中断请求	当 T0 产生溢出时，T0 溢出中断标志位 TF0(TCON.5)由硬件自动置位，请求中断处理	
2	$\overline{INT1}$	外部中断 1 请求	P3.3 引脚输入，通过 IT1(TCON.2)选择是低电平还是下降沿有效。输入信号有效时，向 CPU 发中断请求，建立 IE1 标志位(TCON.3)	
3	TF1	T1 溢出中断请求	当 T1 产生溢出时，T1 溢出中断标志位 TF1(TCON.7)由硬件自动置位，请求中断处理	
4	RI TI	串口中断请求	当发送或接收完一个串行帧时，内部串行口中断请求标志位 TI(SCON.1)、RI(SCON.0)由硬件自动置位，请求中断处理	低

根据中断的来源，5 个中断源可以分为外部中断和内部中断两大类。其中 $\overline{INT0}$ 和 $\overline{INT1}$ 是以单片机特定引脚上的电平或脉冲状态为中断事件的，统称为外部中断；其余 3 个中断源，都是以单片机内部某个标志位的电平状态为中断事件的，统称为内部中断。

5.2.4 中断控制

用户对单片机中断系统的操作是通过控制寄存器实现的。根据图 5-5，中断信号的传送分别是沿着 5 条水平路径由左向右进行的，4 个控制寄存器的作用已经清楚地表现出来了，下面分别介绍。

1. TCON 寄存器

TCON 为定时器/计数器的控制寄存器（Timer/Counter Control Register），字节地址为 88H，可位寻址，既有定时器/计数器的控制功能，又有中断控制功能，其定义如图 5-6 所示。与中断有关的位寄存器分别是 $\overline{INT0}$ 的中断请求标志位 IE0、T0 的中断请求标志位 TF0、$\overline{INT1}$ 的中断请求标志位 IE1、T1 的中断请求标志位 TF1、$\overline{INT0}$ 的中断触发方式选择位 IT0 和 $\overline{INT1}$ 的中断触发方式选择位 IT1。

TF1	TR1	TF0	TR0	IE1	IT1	IE1	IT1
8FH	8EH	8DH	8CH	8BH	8AH	89H	88H
位7	位6	位5	位4	位3	位2	位1	位0

位7：定时器T1溢出标志位，TF1

　　T1溢出时，硬件自动使TF1置1，并向CPU申请中断；当进入中断服务程序时，硬件自动将TF1清0。TF1也可以用软件清0

位5：定时器T0溢出标志位，TF0，其功能和操作情况同位7

位3：外部中断1的中断请求标志位，IE1

　　IT1=0：在每个机器周期对$\overline{INT1}$引脚进行采样，若为低电平，则IE1=1，否则IE1=0

　　IT1=1：当某一个机器周期采样到$\overline{INT1}$引脚从高电平跳变为低电平时，则IE1=1，此时表示外部中断1正在向CPU申请中断，当CPU响应中断转向中断服务程序时，由硬件将IE1清0

位2：外部中断1的中断触发方式控制位，IT1

　　0：电平触发方式，引脚$\overline{INT1}$上低电平有效

　　1：边沿触发方式，引脚$\overline{INT1}$上的电平从高到低的负跳变有效

位1：外部中断0的中断请求标志位，IE0，作用同IE1

位0：外部中断0的中断触发方式控制位，IT0，作用同IT1

图 5-6　定时器/计数器的控制寄存器 TCON

图 5-2 中的语句"IT0=1;"，就是令 $\overline{INT0}$ 为边沿触发方式的中断初始化设置，另外还有两位 TR1 和 TR0，其功能将在任务 6 中进行介绍。

51 单片机复位之后，TCON 初值为 0，即默认无上述 4 个中断请求，且为电平触发外部中断方式。

2. SCON 寄存器

串口控制寄存器 SCON（Serial Control Register），字节地址为 98H，可位寻址。如图 5-7 所示，其中的低 2 位 RI 和 TI 锁存串行口的接收中断和发送中断的申请标志位。这两位的定义将在任务 7 中详细介绍。

TI 和 RI 虽然是两个中断请求标志位，但结合图 5-5 可知，在 SCON 之后经或门电路合成为 1 个信息，统一接受中断管理。

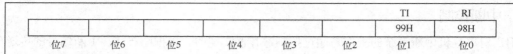

						TI	RI
						99H	98H
位7	位6	位5	位4	位3	位2	位1	位0

位1：串行口发送中断请求标志位，TI

　　CPU将一字节的数据写入发送缓冲器SBUF时，就启动一帧串行数据的发送，每发送完一帧串行数据后，硬件自动将TI置1；但CPU响应中断时，并不清除TI，而必须在中断服务程序中用软件对TI进行清0

位0：串行口接收中断请求标志位，RI

　　当串行口允许接收时，每接收完一个串行帧，硬件自动将RI置1；CPU在响应本中断时，并不清除RI，而必须在中断服务程序中用软件对RI清0

图 5-7　串口控制寄存器 SCON

3．IE 寄存器

中断允许寄存器 IE（Interrupt Enable Register），字节地址为 A8H，可位寻址。中断请求标志硬件置 1 后，能否得到 CPU 中断响应，取决于 CPU 是否允许中断。允许中断称为中断开放，不允许中断称为中断屏蔽。

从图 5-5 可知，中断请求标志受两级"开关"的串联控制，即 5 个源允许和 1 个总允许。当总允许位 EA=0 时，所有的中断请求都被屏蔽；当 EA=1 时，CPU 开放总中断。每个源允许位对中断请求的控制作用都是独立的，可以根据需要分别使其处于开放（=1）或屏蔽（=0）。IE 寄存器定义如图 5-8 所示。

EA			ES	ET1	EX1	ET0	EX0
AFH			ACH	ABH	AAH	A9H	A8H
位7	位6	位5	位4	位3	位2	位1	位0

位7：中断允许控制位，EA

　　1：CPU开放中断；0：CPU屏蔽所有的中断

位4：串行口中断允许位，ES

　　1：允许串行口中断；0：禁止串行口中断

位3：定时器/计数器T1的溢出中断允许位，ET1

　　1：允许T1中断；0：禁止T1中断

位2：外部中断1中断允许位，EX1

　　1：允许外部中断1；0：禁止外部中断1

位1：定时器/计数器T0的溢出中断允许位，ET0

　　1：允许T0中断；0：禁止T0中断

位0：外部中断0中断允许位，EX0

　　1：允许外部中断0；0：禁止外部中断0

图 5-8　中断允许寄存器 IE

单片机复位后，IE 的初值为 0，因此默认整体中断屏蔽。若要在程序中使用中断，必须通过软件方式进行中断初始化。图 5-2 中的语句"EA=1;EX0=1;"，就是开放 CPU 总中断和外部中断 0，而屏蔽其余中断的初始化设置。

4. IP 寄存器

当涉及中断时，还有一个很重要的概念，就是中断优先级。假如你在看书的时候，突然水开了，同时电话也响起了，接下来你只能去处理一件事，那你该处理哪件事呢?你将会根据自己的实际情况来选择其中一件更重要的事先处理。在这里，你认为更重要的事就是优先级较高的事情。单片机在执行程序时同样也会遇到类似的状况，即同一时刻发生了两个中断，那么单片机该先执行哪个中断呢?这取决于中断优先级寄存器 IP 的（Interrupt Priority Registers）设置情况，通过设置 IP，可以告诉单片机，当两个中断同时出现时先执行哪个中断程序。若没有人为设置优先级寄存器，单片机会按照默认的一套优先级自动处理，称为自然优先级，见表 5-2。

IP 中断优先级寄存器字节地址为 B8H，可位寻址，如图 5-9 所示。

			PS	PT1	PX1	PT0	PX0
			BCH	BBH	BAH	B9H	B8H
位7	位6	位5	位4	位3	位2	位1	位0

位4：串行口中断优先级控制位，PS

    1：串行口中断定义为高优先级中断；0：串行口中断定义为低优先级中断

位3：定时器/计数器T1的中断优先级控制位，PT1

    1：T1定义为高优先级中断；0：T1定义为低优先级中断

位2：外部中断1的中断优先级控制位，PX1

    1：外部中断1定义为高优先级中断；0：外部中断1定义为低优先级中断

位1：定时器/计数器T0的中断优先级控制位，PT0

    1：T0定义为高优先级中断；0：T0定义为低优先级中断

位0：外部中断0的中断优先级控制位，PX0

    1：外部中断0定义为高优先级中断；0：外部中断0定义为低优先级中断

图 5-9　中断优先级寄存器 IP

根据图 5-9，单片机中的每个中断源都可以被设置为高优先级中断或者低优先级中断。运行中的低优先级中断函数可被高优先级中断函数打断，实现中断嵌套；而运行中的高优先级中断函数则不能被低优先级中断请求所打断。此外，同级的中断请求不能打断正在运行的同级中断函数。

当多个中断源同时提出中断请求时，CPU 将根据表 5-2 所示的自然优先级查询中断请求。自然优先级高的中断请求优先得到响应。

结合图 5-5 可知，通过设置 IP 寄存器，每个中断请求都可被划分到高级中断请求或低级中断请求的队列中，每个队列中又可以依据自然优先级排队，如此一来用户就能根据需要，指定中断源的重要等级。

51 单片机复位后，IP 初值为 0，即默认全部为低级中断，图 5-2 中的案例程序就是这一默认设置。

5.2.5　中断处理

中断处理包括中断请求、中断响应和中断服务等环节。中断请求在前面已有介绍，下面对中断响应、中断服务有关的内容介绍如下。

1. 中断响应

中断响应是指 CPU 从发现中断请求，到开始执行中断函数的过程。CPU 响应中断的基本条件如下。

1）有中断源发出中断请求。

2）中断总允许位 EA=1，即 CPU 开中断。

3）申请中断的中断源的中断允许位为 1，即没有被屏蔽。

满足以上条件后，CPU 一般都会响应中断。但如果遇到以下一些特殊情况，中断响应还将被阻止。

1）CPU 正在处理同级的或更高优先级的中断。

2）当前指令未执行完。

3）CPU 正在执行某些特殊指令，如中断返回或者访问寄存器 IE、IP。

待这些中断情况撤销后，若中断标志尚未消失，则 CPU 还可继续响应中断请求，否则中断响应将被中止。

CPU 响应中断后，由硬件自动执行如下功能操作。

1）中断优先级查询，对后来的同级或低级中断请求不予响应。

2）保护断点，即把程序计数器 PC 的内容压入堆栈保存。

3）清除可清除的中断请求标志位（见第 3 小节中断撤销）。

4）调用中断函数并开始运行。

5）返回断点继续运行。

可见，除中断函数运行是采用软件方式外，其余中断处理过程都是由单片机硬件自动完成的。

2. 中断响应时间

从查询中断请求标志到执行中断函数第一条语句所经历的时间，称为中断响应时间。不同中断情况，中断响应时间是不一样的。

以外部中断为例，最短的响应时间为 3 个机器周期。这是因为 CPU 在每个机器周期的 S6 期间查询每个中断请求的标志位。如果该中断请求满足所有中断响应条件，则 CPU 从下一个机器周期开始调用中断函数，而完成调用中断函数的时间需要 2 个机器周期。这样中断响应共经历了 1 个查询机器周期加 2 个调用中断函数周期，总计 3 个机器周期。

如果中断响应受阻，则需要更长的响应时间。一般情况下，在一个单中断系统里，**外部中断的响应时间在 3～8 个机器周期之间**。如果是多中断系统，且出现了同级或高级中断正在响应或正在服务中，则需要等待响应，那么响应时间就无法计算了。

这说明即使采用中断处理突发事件，CPU 也存在一定的滞后时间。

3. 中断撤销

中断响应后，TCON 和 SCON 中的中断请求标志应及时清 0，否则中断请求将仍然存在，并可能引起中断误响应。不同中断请求的撤销方法是不同的。

对于定时器/计数器中断，中断响应后，由硬件自动对中断标志位 TF0 和 TF1 清 0，中断请求可自动撤销，无须采取其他措施。

对于脉冲触发的外部中断请求，在中断响应后，也由硬件自动对中断请求标志位 IE0 和 IE1 清 0，即中断请求的撤销也是自动的。

对于电平触发的外部中断请求，情况则不同。中断响应后，硬件不能自动对中断请求标志位 IE0 和 IE1 清 0。中断的撤销，要依靠撤除引脚 $\overline{INT0}$ 和 $\overline{INT1}$ 上的低电平，并用软件使中断请求标志位清 0 才能有效。由于撤除低电平需要有外加硬件电路配合，比较烦琐，因而采用脉冲触发方式便成为常用的做法。

对于串口中断，其中断标志位 TI 和 RI 不能自动清 0。因为在中断响应后，还要测试这两个标志位的状态，以判定是接收操作还是发送操作，然后才能清除。所以串口中断请求的撤销是通过软件方法实现的，详见任务 7。

5.2.6　中断函数

中断响应过程就是自动调用并执行中断函数的过程。C51 编译器支持在 C 源程序中直接以函数形式编写中断服务程序，格式如下。

```
void  函数名( ) interrupt n [using m]
{
        函数体语句;
}
```

其中 n 为中断类型号，在 51 单片机中 n 取值为 0～4，与表 5-2 中的中断号对应；m 为工作寄存器组号，取值为 0～3，当 using m 缺省时，表示使用当前的工作寄存器组（由 PSW 的 RS1 和 RS0 设置）。使用 using m 可以切换工作寄存器组，省去中断响应时为保护断点进行的压栈操作，从而提高中断处理的实时性。

注意，编写中断函数时应遵守以下规则。

1）中断函数是没有返回值的 void 型函数。允许在中断函数中使用 return 语句（表示结束中断），但不能使用带有表达式的 return 语句，如 return 2*x。

2）中断函数是没有形参的无参函数。可以通过使用全局变量，将变量值传入或传出中断函数，以此弥补无参和无返回值的使用限制。

3）中断函数只能被系统调用，不能被其他任意函数调用。

4）在中断函数中调用的函数所使用的寄存器必须与中断函数相同。

在图 5-2 的案例源程序中用到了外部中断 0，中断类型号为 0，工作寄存器为当前工作寄存器组。

5.3　任务实施

5.3.1　实例——智能车之外部中断程序设计

1．任务要求

4.3.1 节的实例通过不断检测 P3.2 引脚的状态，来确定是否切换智能车的工作模式，并控制 P0 口的数码管显示工作模式对应的数字编号。这种方法称为查询法，即使按键没有按下，CPU 也要不断检测 P3.2 引脚的状态，效率非常低。

学习了中断技术之后，可以用外部中断 0 来解决以上问题。本实例基于外部中断对图 4-15 所示电路图进行编程，实现和 4.3.1 节实例相同的功能。

2．任务分析

如图 5-10 所示，按键松开时 P3.2 引脚上为高电平；按键按下后，P3.2 引脚变成低电平。这样引脚上的电平就出现了下降沿，这是外部中断请求信号的有效触发方式之一，通过 IT0=1 可以把 $\overline{INT0}$ 设置为下降沿触发。按压一次按键就触发一次外部中断，因此采用中断法时，不需要像 4.3.1 节那样考虑按键去抖和避免按键重复计数的问题。

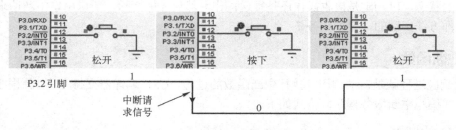

图 5-10　引脚 P3.2 上的电平变化

外部中断相关的初始化在主程序中完成，在中断服务函数中修改计数变量 temp 即可。注意，不需要为 P3.2 引脚定义 sbit 型变量；temp 变量在主程序和中断函数中都要访问，所以需要定义成全局变量。

3．硬件设计

本实例的电路原理图与图 4-15 一致。

4．程序设计

参考程序如下。

```
//5-1.c
#include <reg51.H>
unsigned char code LedShowData[]={0x03,0x9F,0x25,0x0D,0x99,   //定义数码管显示数据
                          0x49,0x41,0x1F,0x01,0x19};//0,1,2,3,4,5,6,7,8,9
unsigned char temp = 1;
#define ShowPort P0                 //定义数码管显示端口
void int0() interrupt 0{            //外部中断 0 中断函数
      temp++;
}
void main() {
      EA = EX0 = 1;                 //开 CPU 中断和外部中断 0
      IT0 = 1;                      //设置外部中断 0 为负边沿触发
      while(1) {                    //程序主循环
        if(temp > 3)
            temp = 1;
        switch(temp) {
        case 1:      ShowPort = LedShowData[1];break;
        case 2:      ShowPort = LedShowData[2];break;
        case 3:      ShowPort = LedShowData[3];break;
```

```
            }
        }
    }
```

5.3.2 实例——报警器设计

1. 任务要求

使用 2 个发光二极管 D1、D2，2 个按键 K1、K2，1 个数码管以及 1 个蜂鸣器构成声光报警器。功能如下。

1）初始时，D1、D2 熄灭。

2）S1 按下后数码管显示 1，发光二极管 D1 闪烁，蜂鸣器报警。

3）S2 按下后数码管显示 2，发光二极管 D2 闪烁，蜂鸣器报警。

2. 任务分析

可以用外部中断 0 和外部中断 1 分别管理按键 K1 和 K2。显然，要求中的"数码管显示 1，发光二极管 D1 闪烁，蜂鸣器报警"应该是外部中断 0 响应后处理的，而"数码管显示 2，发光二极管 D2 闪烁，蜂鸣器报警"是外部中断 1 响应后处理的。假设发光二极管闪烁的次数都是 5 次，得到图 5-11 所示的报警器流程图。

在主程序中要做的就是开中断、设置外部中断的信号触发方式，设置 2 个发光二极管熄灭，蜂鸣器不响，然后等待中断的到来。

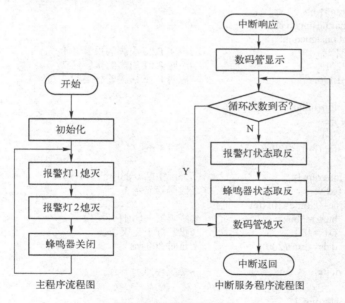

图 5-11 报警器流程图

3. 硬件设计

本实例的电路原理图如图 5-12 所示，P2.0 和 P2.1 口接发光二极管 D1、D2，低电平驱动；P1.6 引脚接蜂鸣器，高电平有效；P0 口接共阳极数码管；P3.2 和 P3.3 引脚分别接按键 S1、S2。

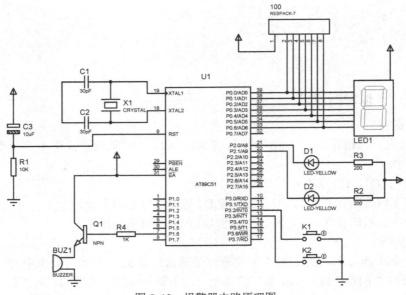

图 5-12　报警器电路原理图

4. 程序设计

根据以上思路和流程图，参考程序如下。

```
//5-2.c
#include <reg51.h>              //头文件
#define uchar unsigned char     //宏定义
#define uint unsigned int
sbit D1 = P2^0;                 //声明 P2.0 引脚的报警灯 1
sbit D2 = P2^1;                 //声明 P2.1 引脚的报警灯 2
sbit buzz = P1^6;               //声明 P1.6 引脚的蜂鸣器
uchar time;
void delay_nms(uint i)
{   uchar j;
    while(i--)
          for (j=0;j<120;j++);  //延时 1 ms
}
void int0() interrupt 0         //外部中断 0 的中断函数
{   P0 = 0xF9;                  //数码管显示 1
    for(time=0; time<10; time++)
    {   buzz = !buzz;           //蜂鸣器关闭/打开切换
        D1 = !D1;               //报警灯 1 亮灭切换
        delay_nms(200);         //延时 200 ms
    }
    P0 = 0xFF;                  //数码管熄灭
}
void int1() interrupt 2
{   P0 = 0xA4;                  //数码管显示 2
    for(time=0; time<10; time++)
    {   buzz = !buzz;           //蜂鸣器关闭/打开切换
        D2 = !D2;               //报警灯 2 亮灭切换
        delay_nms(200);         //延时 200 ms
    }
    P0 = 0xFF;                  //数码管熄灭
}
```

```
void main()
{    EA = 1;                                //CPU 开中断
     EX0 = EX1 = 1;                         //外部中 0 和 1 开中断
     IT0 = IT1 = 1;                         //外部中断 0、1 为下降沿触发方式
     while(1)
     {    D1 = 1;                           //报警灯 1 熄灭
          D2 = 1;                           //报警灯 2 熄灭
          buzz = 0;                         //蜂鸣器关闭
     }
}
```

1）本程序是典型的 C51 语言程序结构，在程序进入 while(1)循环前要进行初始化，待设备稳定之后再进行控制。

2）因为按键是通过中断来进行管理的，所以不需要进行按键去抖和松手检测。

3）因为通过取反运算来切换发光二极管的状态，每循环 2 轮亮灭变化各 1 次，即闪烁 1 次，所以闪烁 5 次需要 for 语句循环 10 轮。

5. 举一反三

在本实例中两个中断的优先级都是默认 0，是同级中断。因此如果外部中断 1 的中断函数 int1( )在执行时，外部中断 0 有请求产生，是不会被响应的，只有等 int1( )执行完，才会执行 int0( )；反之亦然。请思考：如果在主程序中增加语句 PX0=1，那么情况会如何呢？

此外，在本实例中只有 2 个中断源，如果中断源有 5 个（S1～S5），应该如何处理呢？

分析：在实际应用中，需要处理的外部中断源有可能多于 2 个。那么 2 个外部中断请求输入端就不够用，这时需要扩展系统的外部中断请求输入端。可以通过 $\overline{INT0}$、$\overline{INT1}$ 引脚来扩展，将它们按照优先级进行排队，把其中最高级别的中断源直接连接到 $\overline{INT0}$ 引脚 P3.2；其余的中断源可以通过"与"或者"或"的逻辑关系连接到 $\overline{INT1}$ 引脚 P3.3，同时还可连接到输入/输出端口（如 P1 口）的若干引脚，用来查询判断具体是哪一个中断源发生的中断事件。

如图 5-13 所示，把 S1 接到 $\overline{INT0}$ 上，S2～S5 通过"与"门接到 $\overline{INT1}$ 上。由于从 $\overline{INT1}$ 输入的中断是通过 4 个中断源相"与"而成的，因此 CPU 进入外部中断 1 中断服务程序时，要依次查询 P1 口中断源的输入状态，然后转到相应的处理程序中。

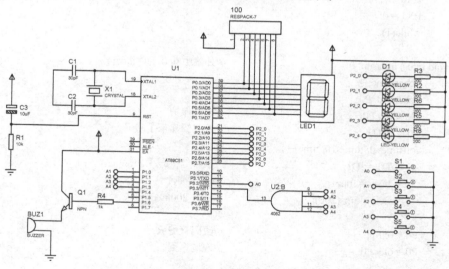

图 5-13　查询法扩展外部中断源

显然，扩展出的中断源 S2～S5 的优先级由软件查询的顺序决定，最先查询的优先级最高，最后查询的优先最低。而 S1 可以通过将 PX0 置 1 设为高优先级。

参考程序如下。

```c
//5-3.c
#include <reg51.h>
#define uint unsigned int
#define uchar unsigned char
sbit P1_0 = P1^0;
sbit P1_1 = P1^1;
sbit P1_2 = P1^2;
sbit P1_3 = P1^3;
sbit P1_4 = P1^4;
sbit buzz = P1^6;
sbit D1 = P2^0;
sbit D2 = P2^1;
sbit D3 = P2^2;
sbit D4 = P2^3;
sbit D5 = P2^4;
uchar code led[]={0xC0, 0xF9, 0xA4, 0xB0, 0x99, 0x92, 0x82, 0xF8, 0x80, 0x90};
void delay_nms(uint i)
{       uchar j;
        while(i--)
                for (j=0;j<120;j++);                    //延时 1 ms
}
void main()
{       P1 = 0x0F;
        EA = EX0 = EX1 = 1;
        IT0 = IT1 = 1;
        PX0 = 1;
        PX1 = 0;
        while(1);
}
void int0() interrupt 0                                 //外部中断 0 的中断函数
{       uchar time;
        uchar old_P0;
        old_P0 = P0;                                    //现场保护
        P0 = led[1];                                    //数码管显示 1
        for(time=0; time<10; time++)
        {       D1 = !D1;                               //报警灯 1 亮灭切换
                buzz = !buzz;                           //蜂鸣器响
                delay_nms(200);                         //延时 200 ms
        }
        P0 = 0xFF;                                      //数码管熄灭
        P0 = old_P0;                                    //现场返回
}
```

```
        void int1() interrupt 1              //外部中断 1 的中断函数
        {    uchar time;
             if (P1_0 == 0)
             {    P0 = led[2];                 //数码管显示 2
                  for(time=0; time<10; time++)
                  {    D2 = !D2;               //报警灯 2 亮灭切换
                       delay_nms(200);         //延时 200 ms
                  }
                  P0 = 0xFF;                   //数码管熄灭
             }
             else if (P1_1 == 0)
             {    P0 = led[3];                 //数码管显示 3
                  for(time=0; time<10; time++)
                  {    D3 = !D3;               //报警灯 3 亮灭切换
                       delay_nms(200);         //延时 200 ms
                  }
                  P0 = 0xFF;                   //数码管熄灭
             }
             else if (P1_2 == 0)
             {    P0 = led[4];                 //数码管显示 4
                  for(time=0; time<10; time++)
                  {    D4 = !D4;               //报警灯 4 亮灭切换
                       delay_nms(200);         //延时 200 ms
                  }
                  P0 = 0xFF;                   //数码管熄灭
             }
             else if (P1_3 == 0)
             {    P0 = led[5];                 //数码管显示 5
                  for(time=0; time<10; time++)
                  {    D5 = !D5;               //报警灯 5 亮灭切换
                       delay_nms(200);         //延时 200 ms
                  }
                  P0 = 0xFF;                   //数码管熄灭
             }
        }
```

运行仿真之后，可以观察到：

1）当 S1 按键被按后，数码管会显示对应的数字 1，发光二极管 D1 闪烁，同时蜂鸣器发出警报声。

2）当 S2～S5 按键被按后，数码管会显示对应的数字 2～5，同时相应的发光二极管闪烁，但是蜂鸣器不响。

3）当 S2～S5 的中断函数在执行时，如果按下 S1 键，数码管会立即显示 1，蜂鸣器响，D1 闪烁 5 次之后，会继续执行先前的中断函数，直到执行完毕。注意，中断函数 int0( ) 的两条语句"old_P0 = P0;"和"P0 = old_P0;"的作用是进行中断现场的保护和中断现场的恢复，读者可以尝试去掉这两条语句，观察仿真结果有何变化，体会它们的作用。

除了查询法扩展外部中断源外，当学习了任务 6 之后，也可以用定时器/计数器的计数模式来扩展外部中断源。

6. 讨论

在学习本实例之后，读者可能发现中断过程与调用一般函数过程具有许多相似性，例如，两者都需要保护断点，都可以实现多级嵌套等。但一般函数调用过程与中断过程在本质上是不同的。

1）前者是程序设计者事先安排的（断点位置是明确的），而后者却是系统根据工作环境随机决定的（断点位置是随机的）。

2）主函数与一般函数之间具有主从关系，而主函数与中断函数之间则是平行关系（中断函数只能被系统调用）。

3）一般函数调用是纯粹软件处理过程，而中断函数调用却是需要软、硬件配合才能完成的过程。

5.3.3　实例——交通灯控制

1. 任务要求

实现以下两种情况下的交通灯控制。

1）正常情况：两个方向（东西方向记作 A、南北方向记作 B）轮流点亮交通灯。

2）紧急情况：特殊车辆通过时，A、B 方向均为红灯，持续一段时间后回到之前的模式继续。

2. 任务分析

考虑到对向的路口信号灯状态一致，因此只需要用 6 个 I/O 口引脚控制信号灯即可，以图 5-14 为例，使用 P1.0～P1.2 控制 A（东西）方向的绿、黄、红灯，使用 P1.3～P1.5 控制 B（南北）方向的绿、黄、红灯。

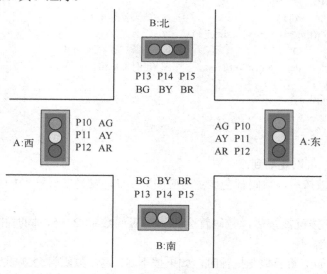

图 5-14　十字路口信号灯示意图

紧急状况的发生可以用外部中断来模拟。按下 P3.2 引脚触发外部中断 0，在中断服务程序中执行紧急情况下的信号灯模式。没有紧急情况时，按正常情况点亮信号灯。通过延时函数来控制信号灯配时（学习了任务 6 后，可以用定时器/计数器软硬件配合来实现）。

假设黄灯是 0.5s 切换亮灭状态，所以在编写延时函数时以 0.5s 为基本延时时间。利用 Keil 的调试功能来估算实现 0.5s 的延时（具体方法见 3.3.1 节）。

3. 硬件设计

图 5-15 是电路原理图，信号灯可以用不同颜色的发光二极管，也可以直接使用 Proteus 里的 TRAFFIC LIGHTS 组件，后者更为方便。放置标签时，用 A、B 来区分东西和南北，用 R、Y、G 来区分信号灯的红、黄、绿 3 种颜色。

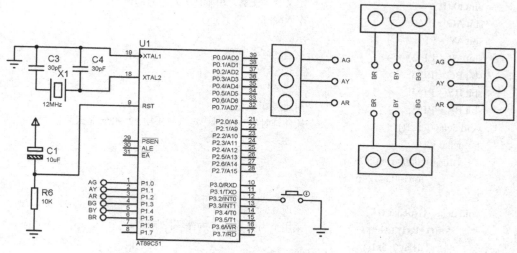

图 5-15 交通灯控制电路原理图

4. 程序设计

对应的流程图如图 5-16 所示。参考程序如下。

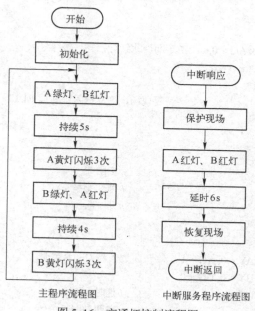

主程序流程图　　中断服务程序流程图

图 5-16 交通灯控制流程图

129

```
//5-4.c
#include <reg51.h>                //包含头文件 reg51.h，定义了 51 单片机的专用寄存器
#define uchar unsigned char
#define uint unsigned int
#define ew 5                      //东西方向的绿灯时间
#define sn 4                      //南北方向的绿灯时间
#define san 3                     //黄灯闪烁次数
#define ur 6                      //紧急情况的时间
uint t0,t1;                       //定义全局变量，用来保存延时时间循环次数
sbit AG = P1^0;                   //东西绿灯
sbit AY = P1^1;                   //东西黄灯
sbit AR = P1^2;                   //东西红灯
sbit BG = P1^3;                   //南北绿灯
sbit BY = P1^4;                   //南北黄灯
sbit BR = P1^5;                   //南北绿灯
void delay0_5s1()                 //软件延时约 0.5 s，假定系统采用 12 MHz 晶振
{   uchar i;
    for(t0=0;t0<1000;t0++)
        for(i=0;i<124;i++) ;
}
void delay_t1(uchar t)            //实现 0.5s*t 延时
{   for(t1=0;t1<t;t1++)           //采用全局变量 t1 作为循环控制变量
        delay0_5s1();
}
void int_0()    interrupt 0       //紧急情况中断
{   uchar old_P1,old_t0,oldt_t1;
    old_P1 = P1;                  //保护现场，暂存 P1 口、t0、t1
    old_t0 = t0;
    oldt_t1 = t1;
    AR = 1; AY = 0; AG = 0;       //东西南北红灯都亮，黄绿灯灭
    BR = 1; BY = 0; BG = 0;
    delay_t1(2*ur);
    P1 = old_P1;                  //恢复现场，恢复进入中断前 P1 口、t0、t1
    t0 = old_t0;
    t1 = oldt_t1;
}
void main()                       //主函数
{   uchar k;                      //循环变量
    EA = EX0 =1;                  //开中断
    IT0=1;
    while(1)
    {   AR = 0; AY = 0; AG = 1;   //A 绿灯，B 红灯
        BR = 1; BY = 0; BG = 0;
        delay_t1(2*ew);           //延时 ew 秒
        AG = 0;                   //东西向绿灯关闭
```

```
        for(k=0;k<2*san;k++)              //东西向黄灯闪烁 san 次
        {    AY = !AY;
             delay0_5s1();                //延时 0.5 s
        }
        AR = 1; AY = 0; AG = 0;           //B 绿灯，A 红灯
        BR = 0; BY = 0; BG = 1;
        delay_t1(2*sn);                   //延时 sw 秒
        BG = 0;                           //南北向黄灯闪烁，绿灯关闭
        for(k=0;k<2*san;k++)
        {    BY = !BY;
             delay0_5s1();                //延时 0.5 s
        }
    }
}
```

1）在中断服务程序中，通常要进行现场保护，然后才是真正的中断处理操作，中断返回时需要恢复现场。否则返回主程序执行时，可能会出现意想不到的现象。

2）用预处理命令#define 定义 ew、sn、san 和 ur 的目的是使交通灯配时时间的定义更加灵活，如果需要调整配时，只需要在预处理命令里修改即可，不需要修改下面的程序。

3）用取反的方式控制信号灯的闪烁，闪烁 1 次对应一轮"亮-灭"，即 2 次取反，所以如果要闪烁 san 次，那么 for 循环的次数是 2*san。

读者可以思考，如果要增加代表信号灯配时的数码管，实现倒计时功能的交通灯控制，应该如何修改电路和程序呢？

5.4 小结

本任务从案例导入问题，由此引入中断的相关概念、51 单片机的中断系统结构和中断控制等知识点。通过智能车数码管的控制、报警器、交通灯控制 3 个任务进一步展示了外部中断相关的程序设计方法、查询法与中断法的区别、中断优先级处理以及外部中断源扩展等问题。

思政小贴士：管理人生的优先级与效率

在中断系统中优先级管理非常重要，优先级管理原则决定了哪些中断请求会优先被响应，哪些中断请求需要等待或被打断。

通过本任务的学习可知，中断是微型计算机包括单片机的基本控制机制之一，它能够协调 CPU 对各种外部事件的响应和处理。外设的处理速度一般慢于 CPU，如果让 CPU 定期对设备进行轮询，会做很多无用功，影响整体效率。中断控制的主要优点是只有在需要服务时才能得到处理器的响应，而不需要处理器不断地进行查询。

通过对比 4.3.1 节用查询法检测按键和 5.3.1 节用外部中断检测按键，就可以有比较深刻的体会。

作为大学生，在大学学习生活中同样会面临图 5-17 中各项事务的优先顺序安排。要明确进入大学主要的目的是学习专业知识、提高自己的专业技能，同时也要提升自己的身体素质和人际交往能力，学习之余要劳逸结合。即使是在学习中，不同的课程分配的时间长短、学习的先后，也需要有科学的安排，这样才能把时间效益发挥到最大。

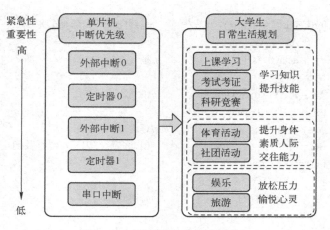

图 5-17 中断优先级与日常规划

效率就是生产力，效率就是竞争力。因此每个人都要思考如何管理时间和优化资源的使用，以提升学习效率和工作效率。

但是也要注意物极必反。中断可以提升系统效率，那是不是意味着中断越多越好呢？

其实不然，中断过多，会频繁打断 CPU 工作，反而影响计算机系统的效率。就好比在学习过程中频繁处理其他杂事，来回切换注意力，会严重影响学习效率。同样 2 小时，专注地学习不受干扰和不停"处理中断"，学习效果肯定不一样。所以在工作学习中也要合理利用"中断"机制，做到事半功倍。

5.5 问题与思考

1. 选择题

（1）51 单片机外部中断 1 和外部中断 0 的触发方式选择位是_____。

    A．TR1 和 TR0   B．IE1 和 IE0   C．IT1 和 IT0   D．TF1 和 TF0

（2）51 单片机在同一优先级的中断源同时请求中断时，CPU 首先响应_____。

    A．外部中断 0   B．外部中断 1   C．定时器 0 中断 D．定时器 1 中断

（3）51 单片机的外部中断 1 的中断请求标志是_____。

    A．ET1   B．TF1   C．IT1   D．IE1

（4）当外部中断 0 发出中断请求后，中断响应的条件之一是_____。

    A．ET0 =1   B．EX0=1   C．IE=0x81   D．IE=0x61

（5）以下标志位为中断标志位，且必须用软件清除的是_____。

    A．TF0   B．IE0   C．TI   D．IT0

（6）外部中断 0 允许中断的 C51 语句为_____。

    A．RI=1;   B．TR0=1;   C．IT0=1;   D．EX0=1;

（7）下列关于中断优先级的描述中，_____是不正确的。

    A．51 单片机的每个中断源都有两个中断优先级，即高优先级中断和低优先级中断

    B．低优先级中断函数在运行过程中可以被高优先级中断打断

    C．相同优先级的中断运行时，自然优先级高的中断可以打断自然优先级低的中断

D. 51 单片机复位后 IP 初值为 0，此时默认全部中断都是低级中断

（8）下列关于中断函数的描述中，_____是不正确的。

    A. 中断函数是 void 型函数　　　　　B. 中断函数是无参函数

    C. 中断函数是无须调用的函数　　　　D. 中断函数是只能由系统调用的函数

（9）下列关于 C51 中断函数定义格式的描述中，_____是不正确的。

    A. n 是与中断源对应的中断号，取值为 0～4

    B. m 是工作寄存器组的组号，缺省时由 PSW 的 RS0 和 RS1 确定

    C. interrupt 是 C51 的关键词，不能用作变量名

    D. using 也是 C51 的关键词，不能省略

（10）下列关于 $\overline{INT0}$ 的描述中，_____是正确的。

    A. 中断触发信号由单片机的 P3.0 引脚输入

    B. 中断触发方式选择位 ET0 可以实现电平触发方式或脉冲触发方式的选择

    C. 在电平触发时，高电平可引发 IE0 自动置位，CPU 响应中断后 IE0 可自动清零

    D. 在脉冲触发时，下降沿引发 IE0 自动置位，CPU 响应中断后 IE0 可自动清零

2. 判断题

（1）（　　）51 单片机 5 个中断源相应地在芯片上都有中断请求输入引脚。

（2）（　　）51 单片机对最高优先权的中断响应是无条件的。

（3）（　　）中断优先级控制寄存器 IP 用来安排各中断源的优先级，是自动分配的，无法设置。

（4）（　　）51 单片机有 5 个中断源，优先级由软件填写特殊功能寄存器 TCON 加以选择。

（5）（　　）51 单片机的中断允许寄存器 IE 的作用是对各中断源进行开放或屏蔽控制。

3. 填空题

（1）中断是指计算机暂时停止执行_____，转向响应_____，并在_____完成后自动返回_____执行的过程。

（2）外部中断 0 的触发方式有_____方式和_____方式，依据 TCON 中的_____位区分。

（3）51 单片机的中断允许控制寄存器 IE 的内容为 0x83，CPU 将响应的中断源是_____和_____。

（4）若 IP=00010001B，则优先级最高者为_____，最低者为_____。

（5）51 单片机的中断源全部编程为同级时，优先级最高的是_____。

（6）CPU 响应中断后，由硬件自动执行如下操作的正确顺序是_____。

① 保护断点，即把程序计数器 PC 的内容压入堆栈保存。

② 调用中断函数并开始运行。

③ 中断优先级查询，对后来的同级或低级中断请求不予响应。

④ 返回断点继续运行。

⑤ 清除可清除的中断请求标志位。

（7）系统中如果只有一个中断源，则中断响应的时间范围是_____到_____个机器周期。

（8）单片机在响应中断后，CPU 是通过_____来保护断点和现场的。

（9）必须用软件方法撤销的中断请求是_____。

（10）在中断流程中如果有"关中断"的操作，对于外部中断 0，要关中断应复位中断允许寄存器的_____和_____位。

4．问答题

（1）51 单片机有哪几个中断源？如何设它们的优先级？

（2）外部中断有哪两种触发方式？如何选择和设定？

（3）请分析说明下面 5 个中断源的优先级排序，是否能实现，请说明原因？

① $\overline{\text{INT0}}$ 、$\overline{\text{INT1}}$ 、T0、串行口、T1

② 串行口、T0、$\overline{\text{INT0}}$ 、$\overline{\text{INT1}}$ 、T1

③ $\overline{\text{INT0}}$ 、$\overline{\text{INT1}}$ 、串行口、T0、T1

5．上机操作题

（1）请设计电路和程序，完成以下功能：在 P0 口接共阴极数码管 1 个，初始时显示学号的第 1 位；在 P3.3 引脚接按键 1 个，按键每按下 1 次，数码管显示下一位学号；显示完最后 1 位学号后，回到第 1 位显示。要求按键的检测用外部中断实现。

（2）彩灯系统通电后，系统执行主程序使 8 只 LED 灯连续不间断闪烁；若按一下 P3.2 引脚上的按钮开关则进入中断状态，8 只 LED 灯变成单灯左移；左移 3 轮循环（从最左边到最右边为 1 个循环）后，恢复中断前的状态，这时 8 只 LED 继续闪烁。

（3）根据图 5-18 所示的数码管显示与按键电路图，编程验证两级外部中断嵌套效果。其

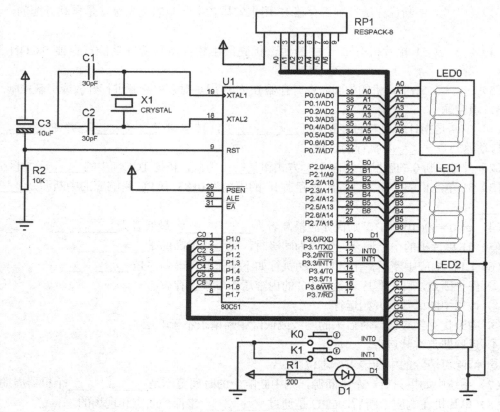

图 5-18　上机操作题（3）的电路原理图

中，S0 为低优先级中断源，S1 为高优先级中断源。此外，利用发光二极管 D1 验证外部中断请求标志 IE0 在脉冲触发中断时的硬件置位与撤销过程。

提示：

1）由于 IE0 的撤销过程发生在 S0 响应中断的瞬间，故可以在 S0 中断函数里将 IE0 值送 P3.0 输出来验证这一过程。

2）IE0 的置位信息，可以利用"低级中断请求虽不能中止高级中断响应过程，但可以保留中断请求信息"的原理进行，即在 S1 中断函数里设置输出 IE0 语句。

任务 6　单片机定时器/计数器应用

6.1　学习目标

6.1.1　任务说明

首先通过一个发光二极管的定时亮灭案例引入定时器概念，让读者带着问题开始本任务的学习。针对 51 单片机定时器和计数器的两类应用，给出了 5 个案例：智能车的定时程序设计、方波发生器、音阶演奏、倒计时秒表和脉冲计数。通过任务的操作训练和相关知识的学习，读者应熟悉单片机定时器/计数器的工作原理，掌握单片机定时和计数的相关应用。

6.1.2　知识和能力要求

知识要求：
- 理解定时器/计数器的工作原理；
- 掌握 TMOD、TCON 寄存器的使用方法；
- 掌握定时器/计数器的初始化方法、计数初值的计算方法；
- 掌握定时器/计数器编程的两种常用方法，即查询法和中断法；
- 掌握定时器/计数器工作方式 1、2 的特点、编程方法和应用。

能力要求：
- 能根据应用要求选择定时器/计数器的工作模式和工作方式；
- 能使用 Proteus 的虚拟示波器观察分析波形和定时时间的关系；
- 能根据任务要求进行 THx、TLx（x=0,1）寄存器的设置；
- 能根据任务要求进行 TMOD、TCON 寄存器的设置。

6.2　任务准备

在单片机应用系统中常常会有定时控制的需要，如定时输出、定时检测、定时扫描等，也经常需要对外部事件进行计数。虽然利用单片机软件延时方法可以实现定时控制（5.3.3 节），以及用软件检查 I/O 引脚状态方法可以实现计数统计（4.3.1 节）。但这些方法都要占用大量 CPU 机时，故应尽量少用。51 单片机内集成了两个可编程定时/计数模块 T0 和 T1，它们既可以用于定时控制，也可以用于脉冲计数，还可以作为串行口的波特率发生器（详见任务 7）。本章对 51 单片机的定时器/计数器进行系统介绍。为简化表述，本章约定涉及 Tx、THx、TLx、TFx 等名称代号时，x 均作为 0 或 1 的简记符。

6.2.1　案例导入

对图 6-1 所示的电路图编写图 6-2 中的程序，从而控制发光二极管的定时亮灭，间隔时间为 100 ms（设晶振频率为 6 MHz）。

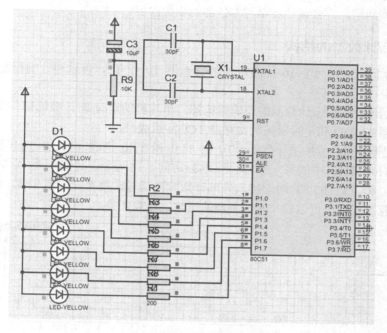

图 6-1　导入案例电路图

```
1   #include <reg51.h>
2   void time0() interrupt 1
3  □{
4     P1 = ~P1;
5     TH0 = 0x3c;
6     TL0 = 0xb0;
7   }
8   void main()
9  □{
10    TMOD = 0x01;
11    TH0 = 0x3c;
12    TL0 = 0xb0;
13    EA = ET0 = 1;
14    TR0 = 1;
15    while(1);
16  }
```

图 6-2　导入案例源程序

分析图 6-2 的程序，可知 time0 中断函数中的语句 "P1=~P1;" 完成了发光二极管的亮灭切换。那么 time0 中断函数是什么情况下被系统调用并执行的呢？与 5.2.1 节的导入案例不同，在本案例中外部没有任何动作。根据任务 5 的介绍，51 单片机的中断源分为外部中断和内部中断两大类，显然此处应该是某种内部原因导致的中断，使得中断函数 time0 得以执行。接着，请读者思考这样几个问题。

问题 1：图 6-2 中的语句 "TMOD=0x01" 是将 0x01 送 TMOD 寄存器，为什么是 0x01？

问题 2：将 TH0、TL0 分别赋值 0x3C 和 0xB0，有什么作用？

问题 3：程序中将 EA、ET0 置 1 是为了 T0 的中断能被响应，那么将 TR0 置 1 是为什么？

问题 4："TH0 = 0x3c"和"TL0 = 0xb0"为何出现 2 次？

要回答这些问题，需要进一步学习本任务的相关内容。

6.2.2　定时器/计数器的结构

在 51 单片机中，有两个 16 位的定时器/计数器 T0 和 T1，可以通过编程选择其定时或计数功能。

图 6-3 给出了定时器/计数器的逻辑结构图。单片机的定时器/计数器部件由 T0、T1、定时器方式寄存器 TMOD 和定时器控制寄存器 TCON 组成。

T0、T1 是两个 16 位加法计数器，T0 由 TL0 和 TH0 构成，T1 由 TL1 和 TH1 构成。TL0、TL1、TH0、TH1 中的每一个都可以单独访问。这两个定时器/计数器各有一个外部引脚，T0（P3.4）和 T1（P3.5）用于接入外部计数脉冲信号。两个定时器/计数器相对独立，一般情况下两者互不干扰，可以独立完成各自的定时、计数任务。

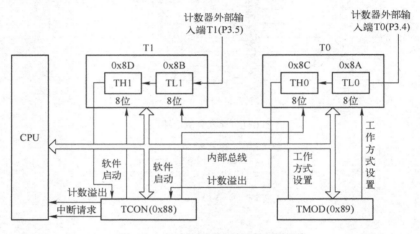

图 6-3　定时器/计数器的逻辑结构图

6.2.3　定时器/计数器工作原理

图 6-4 给出了定时器/计数器的工作原理，T0 和 T1 的工作原理基本一样。

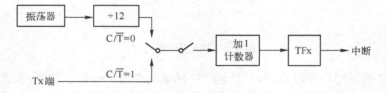

图 6-4　定时器/计数器的工作原理

1. 加 1 计数器

定时器/计数器的核心就是图 6-4 中的加 1 计数器（由 TL0、TH0 或由 TL1、TH1 组成的部件），其基本功能就是对输入脉冲进行计数，来一个脉冲就加 1。

2. 定时器/计数器的工作模式

之所以称为"定时器/计数器"，是因为它具备定时和计数两种工作模式。定时器/计数器的核心组件是加 1 计数器，无论是定时模式还是计数模式，本质都是对某一个脉冲源进行加 1 计数。何时是定时模式，何时是计数模式，取决于它计数的脉冲源是什么。

如果加 1 计数器的脉冲源来自于晶体振荡器，因计数脉冲为等间隔脉冲序列，脉冲数乘以脉冲间隔时间就是定时时间，所以称为定时模式。

反之，如果加 1 计数器的脉冲源是来自于单片机外部（当脉冲源为从 Tx 端输入的外部脉冲），由于外部的脉冲间隔不一定相等，计数次数和时间就没有明确的关系。因此，只能是对外部脉冲进行"计数"。

特别注意：即使外部脉冲源也是一个等间隔脉冲序列，也要理解为"计数"模式。

3．定时器/计数器的计数速率

所谓计数速率是指经过多长时间计数器会加 1。

从图 6-4 得知，在定时模式时，加 1 计数器的脉冲源是晶体振荡脉冲经过 12 分频后获得的一个脉冲源。因此，计数速率为振荡频率的 1/12，所以在定时模式下每隔 1 个机器周期加 1 计数器就会加 1。

在计数模式时，加 1 计数器对出现在外部相应引脚的脉冲个数进行累加。规定加 1 计数器累加的是脉冲输入引脚 P3.4（T0）或 P3.5（T1）的 1 到 0 的负跳变次数。51 单片机在每个机器周期都会自动采样外部输入引脚，当发现在某一个周期的采样值为高电平，而下一个周期的采样值为低电平时，才会认为有一个 1 到 0 的负跳变。因此识别一个 1 到 0 的负跳变至少需要 2 个机器周期，最快的计数速率为振荡频率的 1/24。

4．计数器的容量

51 单片机中的两个计数器都是 16 位的，因此最大计数量是 $2^{16}=65536$（定时模式时最长的定时时间为 65536 个 T，计数模式时最大的计数范围是 0～65536 个脉冲），具体数值还与定时器/计数器的工作方式有关（见 6.2.5 节）。

5．溢出

从生活中的例子来看，水杯中的水满了，如果此时再有一滴水落下，水就会溢出来。在 51 单片机中，溢出就表示定时时间到了，或者计数的次数到了。

51 单片机的计数器溢出的结果有两个方面：一方面，由硬件将溢出标志 TF0 或 TFI 设置为 1（注意，不是 PSW 中的 OV 标志），作为中断请求标志；另一方面，把计数器里的计数值清 0。在图 6-1 的案例中，就是对定时器/计数器的计数溢出（表示 100 ms 时间到）产生的中断请求进行处理，来切换 P1 口的输出状态的。

6.2.4　定时器/计数器的控制寄存器

在图 6-4 所示定时器/计数器的工作原理图中有两个模拟开关。

第一个模拟开关用来选择脉冲源是晶体振荡器还是外部脉冲，也就是选择定时器/计数器的工作模式（定时或计数）。

第二个模拟开关决定选择的脉冲源是否能加到加 1 计数器的输入端，即决定加 1 计数器的开启与关闭（工作或不工作）。

在内部硬件结构中起这两个模拟开关作用的是寄存器 TMOD 和 TCON 的相应位，51 单片机利用 TMOD 和 TCON 这两个寄存器来确定和控制定时器/计数器的功能和操作模式。

1．定时方式寄存器 TMOD（地址 89H）

TMOD（**Timer/Counter Mode** Control Register）寄存器不能进行位操作，如图 6-5 所示，

TMOD 寄存器用于控制定时器/计数器的工作方式和工作模式。

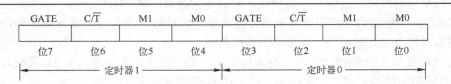

GATE	C/$\overline{T}$	M1	M0	GATE	C/$\overline{T}$	M1	M0
位7	位6	位5	位4	位3	位2	位1	位0

定时器1 ← → 定时器0

TMOD的低4位为T0的方式字，高4位为T1的方式字

TMOD不能位寻址，必须整体赋值

位5和位1：工作方式选择位，M1

位4和位0：工作方式选择位，M0

　　由M1和M0两位可形成4种编码关系，对应于4种工作方式，见表6-1

位6和位2：定时和外部事件计数方式选择位，C/$\overline{T}$

　　=0：定时方式。定时器以振荡器输出时钟脉冲的12分频信号作为计数信号

　　=1：外部事件计数器方式。以外部引脚的输入脉冲作为计数信号

位7和位3：门控位，GATE

　　=0：定时器计数不受外部引脚输入电平的控制，只受定时器运行控制位(TR0、TR1)控制

　　=1：定时器计数受定时器运行控制位和外部引脚输入电平控制。其中TR0和$\overline{INT0}$控制T0的运行，TR1和$\overline{INT1}$控制T1的运行

图 6-5　定时方式寄存器 TMOD

表 6-1　工作方式选择

M1	M0	工作方式	功能说明
0	0	0	13 位的定时器/计数器
0	1	1	16 位的定时器/计数器
1	0	2	8 位自动重装定时器/计数器
1	1	3	3 种定时器/计数器关系

可见C/$\overline{T}$是图6-4的第一个模拟开关。图6-6给出了第二个模拟开关的控制信息。

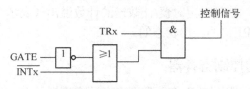

图 6-6　GATE 与 $\overline{INTx}$、TRx 构成的控制信息

　　注意：在一般情况下应使 GATE=0，使定时器/计数器运行仅由 TRx 位的状态决定，在程序中只要用指令将 TRx 设置为 1 即可。只有当定时器/计数器的开关需要由一个外部脉冲触发时才使 GATE=1。这时程序中可先将 TRx 设置为 1，由 $\overline{INTx}$ 输入的外部控制脉冲启动或关闭计数器。

2. 定时控制寄存器 TCON（地址 88H）

　　定时控制寄存器 TCON 的作用是控制定时器的启动、停止，标识定时器的溢出和中断情况。TCON 的格式如图6-7所示。

TF1	TR1	TF0	TR0	IE1	IT1	IE0	IT0
8FH	8EH	8DH	8CH	8BH	8AH	89H	88H
位7	位6	位5	位4	位3	位2	位1	位0

位7：定时器 T1 溢出标志位，TF1

　　T1 溢出时，硬件自动使 TF1 置 1，并向 CPU 申请中断；当进入中断服务程序时，硬件自动将
　　TF1 清 0；TF1 也可以由软件清 0

位6：定时器 T1 运行控制位，TR1

　　由软件置位和清 0。GATE 为 0 时，T1 的计数仅由 TR1 控制，TR1 为 1 时允许 T1 计数，TR1
　　为 0 时禁止 T1 计数。GATE 为 1 时，仅当 TR1 为 1 且 $\overline{INT1}$ 输入为高电平时才允许 T1 计数，
　　TR1 为 0 或 $\overline{INT1}$ 输入低电平都将禁止 T1 计数

位5：定时器 T0 溢出标志位，TF0，其功能和操作情况同位 7

位4：定时器 T0 运行控制位，TR0，其功能和操作情况同位 6

位3~0：外部中断 $\overline{INT1}$ 和 $\overline{INT0}$ 请求及请求方式控制位，其功能见任务 5

图 6-7　定时控制寄存器 TCON

　　知道了 TMOD、TCON 的作用，再回过头来看图 6-2 中案例程序的指令。

　　指令"TMOD = 0x01；"用来设置定时器的工作方式，设置成 0x01 就是选择 T0 为定时模式，工作在方式 1，启动仅由 TR0 控制。

　　指令"ET0 = 1;"用来设置 T0 的中断能够被响应（采用中断处理方式）。

　　指令"TR0 = 1;"用来在设置好其他参数后，启动定时器 0 开始计数。

6.2.5　定时器/计数器工作方式

　　注意定时器/计数器的工作模式和工作方式是两个不同的概念。通过 TMOD 寄存器的 $C/\overline{T}$ 位可以选择"定时"或"计数"工作模式，通过 M1、M0 两位可以设置 4 种不同的工作方式。处于定时模式时可以有 4 种工作方式，处于计数模式时也可以有 4 种。

1. 工作方式 0

　　当 TMOD 中的 M1M0=00 时，定时器/计数器 0 或 1 被设置为工作方式 0。图 6-8 为定时器/计数器工作在方式 0 时的逻辑图。

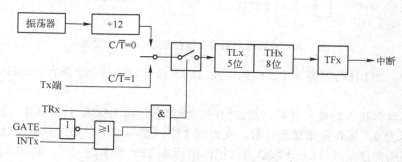

图 6-8　定时器/计数器工作在方式 0 时的逻辑图

　　在方式 0 下，加 1 计数器为 13 位，由 THx 的 8 位和 TLx 的低 5 位组成。TLx 的高 3 位不参与计数，如 TLx 的低 5 位计数溢出，则向 THx 进位。THx 计数溢出时，相应的溢出标志位 TFx 置位，作为溢出中断标志。

　　方式 0 的最大计数范围是 2^{13}=8192，最大定时时间为 8192T。

2．工作方式 1

当 TMOD 中的 M1M0＝01 时，定时器/计数器 0 或 1 被设置为工作方式 1。图 6-9 为定时器/计数器工作在方式 1 时的逻辑图。

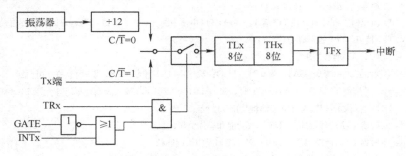

图 6-9　定时器/计数器工作在方式 1 时的逻辑图

方式 1 和方式 0 几乎完全相同，其差别仅在于加 1 计数器的位数不同。方式 1 的加 1 计数器为 16 位，由 THx 作为高 8 位和 TLx 作为低 8 位的全 16 位参与计数操作。由于参与计数的为全 16 位，因此计数范围最大、定时时间最长，最大定时时间为 2^{16}＝65536 T。

方式 1 和方式 0 的区别只在于计数器的位数不同，在实际应用中一般都使用方式 1，很少使用方式 0（使用起来不如方式 1 方便）。

3．工作方式 2

当 TMOD 中的 M1M0＝10 时，定时器/计数器 0 或 1 被设置为工作方式 2。图 6-10 为定时器/计数器工作在方式 2 时的逻辑图。

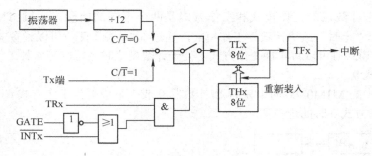

图 6-10　定时器/计数器工作在方式 2 时的逻辑图

方式 2 中，加 1 计数器为 8 位。注意：此时的 8 位计数器是一个具有自动再装入功能的 8 位计数器。

所谓"自动再装入功能"就是计数溢出时，一方面将溢出标志 TFx 置 1，另一方面还要将加 1 计数器清 0，从 0 开始重新计数。在方式 2 中，参与加 1 计数的只是 TLx，而 THx 只作为一个数据缓冲区，在 TLx 计数溢出，把溢出标志 TFx 置 1 的同时，还将 THx 中的数据自动送入 TLx，使 TLx 从此初值开始计数，而不是从 0 开始。再装入后，THx 中的内容保持不变。

由于方式 2 的加 1 计数器是 8 位，因此计数范围小，定时时间短，最大定时时间为 2^8＝256T。但由于具备"自动再装入功能"，因此方式 2 使用起来很方便，有着非常重要的应用场合（如串行口的比特率发生器，详见任务 7）。

4. 工作方式 3

方式 3 只适用于 T0，不能用于 T1。当 TMOD 中的 M1M0=11 时，定时器/计数器 0 被设置为工作方式 3。图 6-11 为定时器/计数器 0 工作在方式 3 时的逻辑图。

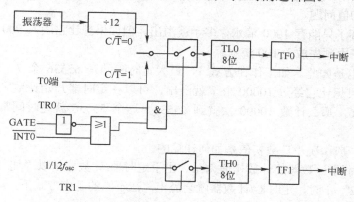

图 6-11　定时器/计数器 T0 工作在方式 3 时的逻辑图

T0 工作在方式 3 时，TL0 和 TH0 就成为两个相互独立的 8 位计数器，这样加上 T1，就有了 3 个定时器。所以方式 3 适用于要求增加 1 个定时器的场合。

方式 3 下，TL0 可以作计数器和定时器使用，T0 的各控制位和引脚信号全归 TL0 使用，其功能和操作与方式 0、1 完全相同。TH0 只能作为定时器使用，它的启动仅由 T1 的启动位 TR1 控制，当 TH0 溢出时，置位 TF1 标志申请中断。

当 T0 工作在方式 3 时，T1 可以工作在方式 0、1、2 三种方式。但由于 TR1、TF1 和 T1 的中断源已被 T0 占用，因此定时器 T1 仅由控制位 C/$\overline{T}$ 切换其定时或计数功能。当计数器计数满溢出时，只能将输出送往串行口。在这种情况下，T1 一般用做串行口波特率发生器或不需要中断的场合。因 T1 的 TR1 被占用，当设置好工作方式后，T1 自动开始计数；当送入一个设置 T1 为工作方式 3 的方式字后，T1 停止计数。

6.2.6　定时器/计数器的初始化

定时器/计数器在使用之前都要进行初始化。

1. 初始化的步骤

第一步：确定是计数模式还是定时模式，以及工作方式和启动控制方式，并将其写入 TMOD 寄存器。

第二步：设置定时或计数器的初值，可直接将初值写入 TH0、TL0 或 TH1、TL1 中。16 位计数初值必须分两次写入对应的计数器。

第三步：根据要求决定是否采用中断方式，直接对中断允许寄存器 IE 相应位赋值，开放中断时，对应位置 "1"。采用程序查询方式时，IE 位应清 0，以进行中断屏蔽。

第四步：启动定时器工作。

1）若第一步设置为软启动，即 GATE 设置为 0 时，以上指令执行后，定时器即可开始工作。

2）若 GATE 设置为 1 时，还必须由外部中断引脚 $\overline{INT0}$ 或 $\overline{INT1}$ 共同控制，只有当引脚 $\overline{INT0}$ 或 $\overline{INT1}$ 电平为高时，以上指令执行后定时器方可启动工作。定时器一旦启动就按规定的方式定时或计数。

2. 计数初值的计算

无论定时器/计数器工作在什么方式，都有一个最大的计数范围或者一个最长的定时时间。但在实际应用中，并不一定需要计数这么多次或定时这么长时间。这里就涉及一个时间常数，也就是计数初值问题。

比如一个空杯子只能存 1000 滴水，多了就溢出。但如果想让它滴入 900 滴水就溢出，怎么办？可以在杯子中预先放入 100 滴水。

对于定时器也是如此。如工作在方式 1，最大定时时间是 65536 个 T，由于加 1 计数器是加 1 计数，如果想让它经过 10000 个 T 就溢出，可以在定时器开始计数之前，在加 1 计数器中先放入 55536，那么计数 10000 次就到 65536。这个 55536 就是时间常数，也就是计数初值。

下面来看看一般情况下计数初值是如何计算的。

假定装入定时器/计数器的计数初值为 a，由于定时器/计数器是以"加 1"方式计数的，所以计数次数为 2^n-a 时，定时器/计数器就会溢出。在不同的工作方式下，n 取不同的值（方式 0 下 $n=13$；方式 1 下 $n=16$；方式 2、3 下 $n=8$）。

假如工作于定时模式，需要定时时间为 t，由于定时器/计数器是累计机器周期 T，则 $2^n-a = t/T$，因此

$$a = 2^n - t/T = 2^n - t \times f_{osc}/12$$

假如工作于计数模式时，需要计数次数为 N，则

$$a = 2^n - N$$

回头再看看图 6-2 的程序，有两条指令"TH0 = 0x3c; TL0 = 0xb0;"，案例要求定时 100 ms。前面已经通过"TMOD=0x01;"指令选择方式 1，由于加 1 计数器是 16 位的，最大定时时间是 65536 个 T。

已知晶振频率为 6 MHz，那么 $T=2$ μs，100 ms 包含 50000 个 T。定时 100 ms 意味着加 1 计数器累加 50000 个 T 就溢出。所以，计数初值就应该为 65536−50000=15536，转化成十六进制为 0x3CB0，将高 8 位 0x3c 赋值给 TH0，低 8 位 0xb0 给 TL0。

图 6-2 中"TH0 = 0x3c; TL0 = 0xb0;"在主函数和中断函数均出现了，原因就是方式 1 下，计数初值是一次性有效的，定时时间到或者计数次数到之后，计数器被清 0，如果需要重复定时或者计数，就需要再次用指令装入计数值。而方式 2 则不需要如此，请读者思考为什么？关于此问题，在 6.3 节将结合具体的实例再次说明。

6.3　任务实施

6.3.1　实例——智能车之定时程序设计

1. 任务要求

智能车的运动速度与直流电机转速有关，使用 PWM 信号控制直流电机转速是常用方法，PWM 控制直流电机的工作原理见 8.2.3 节。本实例只讨论如何使用定时器获得产生 PWM 信号所需的定时时间。

假设为了产生 PWM 信号控制智能车的运动速度，需要实现 1ms 的定时，要求用定时器/计数器实现。

2. 任务分析

（1）确定计数初值

定时时间是 1 ms，晶振频率是 12 MHz，由此可知计数初值为

$$a = 2^{16} - 1000 = 64536$$

1 ms 的定时时间超过了方式 2 的定时上限，所以用方式 1 较为合适。

若选用 T0 来实现定时，则 TH0 存放计数初值 a 的高 8 位，可以通过 C51 语句的整除运算得到，TL0 存放 a 的低 8 位，可以通过 C51 语句的取模运算得到，即

$$TH0 = 64536 / 256;$$
$$TL0 = 64536 \% 256;$$

用整除和取模运算比计算计数初值 a 的十六进制更加方便。

（2）确定 TMOD

因为用 T0 的工作方式 1，所以 M1M0=01；定时和 $\overline{INT0}$ 无关，直接由 TR0 启动计数就可以，因此 GATE=0；这里是定时模式，所以 $C/\overline{T}=0$。T1 在本例中没有用到，所以 TMOD 的高 4 位都设置为 0 即可。综上 TMOD=0x01（0000 0001B）。

3. 程序设计

参考程序如下。

```
//6-1.c
#include <reg51.h>
void timer0 () interrupt 1 {
    TH0 = 64536 / 256;          //装载计数初值
    TL0 = 64536 % 256;
}
void main () {
    TMOD = 0x01;                //T0 定时方式 1
    TH0 = 64536 / 256;          //预置计数初值
    TL0 = 64536 % 256;
    EA=1;                       //CPU 开中断
    ET0=1;                      //T0 开中断
    TR0=1;                      //启动 T0
    while (1);
}
```

TH0 和 TL0 在主函数和中断函数中两次被赋值，原因就是 T0 工作在方式 1，方式 1 下计数值是一次有效的，在一轮定时之后，需要重新装入计数初值才能按照原来的时间定时。

6.3.2 实例——方波发生器设计

1. 任务要求

利用 T1 在方式 1 产生频率为 50 Hz、占空比为 50% 的方波，由 P2.0 引脚输出，晶振频率为 12 MHz。

2. 任务分析

方波频率是 50 Hz，周期是 20 ms，占空比为 50%，即高电平和低电平部分所占时间均为方波周期的一半（10 ms），如图 6-12 所示。务必注意：定时时间应该设置为 10 ms，即半个

周期。由此可知计数初值是

$$a = 2^{16} - 10000 = 55536$$

因此

$$TH1 = 55536 / 256$$

$$TL1 = 55536 \% 256$$

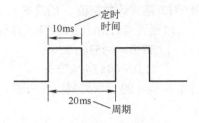

图 6-12　方波周期与定时时间

3. 硬件设计

本实例的电路原理图如图 6-13 所示，为了观察结果方便，在 P2.0 引脚上加了一个发光二极管，并且使用了 Proteus 中的虚拟示波器工具。

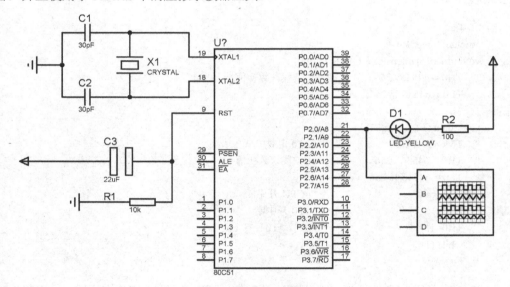

图 6-13　方波发生电路原理图

4. 程序设计

本实例可以用查询法来检测 TF1 是否为 1，也就是定时时间到否，也可以像 6.3.1 节那样用中断法来处理。下面给出两种情况下的参考程序。

（1）查询法

参考程序如下。

```
//6-2.c
#include <reg51.h>
sbit P2_0=P2^0;
```

```
void main ()
{   TMOD = 0x10;                    //T1 定时方式 1
    TR1=1;                          //启动 T1
    while(1)
    {   TH1 = 55536 / 256;         //装载计数初值
        TL1 = 55536 % 256;
        do{ } while(!TF1);         //查询等待 TF1 复位
        P2_0 =!P2_0;               //定时时间到 P2.0 反相
        TF1 = 0;                   //软件清 TF1
    }
}
```

（2）中断法

参考程序如下。

```
//6-3.c
#include <reg51.h>
sbit P2_0=P2^0;
void timer1 () interrupt 3
{   P2_0 = !P2_0;                  //P2.0 取反
    TH1= 55536 / 256;             //装载计数初值
    TL1 = 55536 % 256;
}
void main ()
{   TMOD = 0x10;                   //T1 定时方式 1
    TH1 = 55536 / 256;            //预置计数初值
    TL1 = 55536 % 256;
    EA=1;                          //CPU 开中断
    ET1=1;                         //T1 开中断
    TR1=1;                         //启动 T1
    while (1);
}
```

图 6-14 给出了输出的方波，虚拟示波器上每一小格的时间是 5 ms，方波一个周期内高/低电平各占 2 格，也就是 10 ms，所以周期就是 20 ms。

5. 举一反三

图 6-14 输出的方波信号高、低电平宽度相同，即占空比为 50%。如果占空比不是 50%，比如要在 P2.0 输出周期为 400 μs、占空比为 90%的矩形脉冲，该如何处理呢？

分析：周期 400 μs、占空比为 90%的矩形脉冲，一个周期内高电平持续 360 μs，低电平持续 40 μs。若以低电平持续时间 40 μs 为 1 轮定时，高电平就是 9 轮定时，整个周期是 10 轮定时。用 1 个计数变量 cnt 记录当前是第几轮定时。初始时 P2.0 引脚为高电平；每到 1 轮定时时间 40 μs，cnt 加 1，当 cnt 等于 9 时高电平结束，P2.0 变为低电平；当 cnt 等于 10 时，一个信号周期结束，P2.0 再次变为高电平。

因为定时时间为 40 μs（<256 μs），所以可以用定时方式 2。如果用 T0，TMOD 应该设置为 0x02。

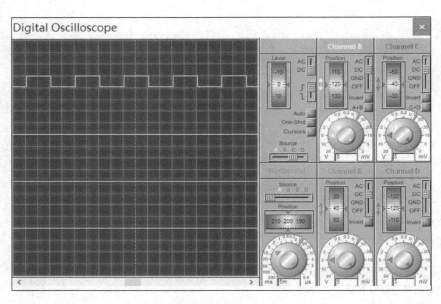

图 6-14　虚拟示波器输出的方波

方式 2 下定时时间为 40 μs，对应的 8 位计数初值为

$$a = 2^8 - 40 = 216$$

假设用中断法实现，参考程序如下。

```
//6-4.c
#include <reg51.h>
#define uchar unsigned char
sbit P2_0 = P2^0;
uchar cnt = 0;                      //计数轮数变量
void time0() interrupt 1
{    cnt++ ;
     if (cnt == 9)
          P2_0 = 0;                 //高电平结束
     if (cnt == 10)
          {cnt = 0;P2_0 =1;}        //一个信号周期结束
}
void main()
{    TMOD = 0x02;
     TL0 = TH0 = 216;
     EA = ET0 = 1;
     TR0 = 1;
     while(1);
}
```

图 6-15 给出了输出波形，虚拟示波器上每一小格的时间是 40 μs，信号高电平占 9 格，也就是 360 μs，低电平占 1 格，即 40 μs，所以周期就是 400 μs。

注意：方式 2 下，初始化时 TH0 和 TL0 装入的 8 位计数初值相同；方式 2 下，定时时间到后是计数初值自动重新装入的，不需要再次用指令给 TH0 和 TL0 赋值，所以只需在主函数中设置 TH0 和 TL0 一次即可。

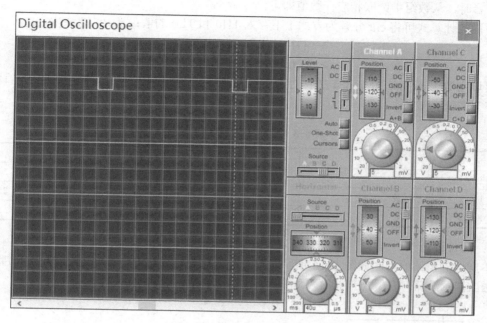

图 6-15 占空比为 90% 的信号

6.3.3 实例——音阶演奏

1. 任务要求

按下按键开始演奏 7 个音的音阶，演奏一轮停止，音阶演奏由定时器控制。

2. 任务分析

要使扬声器发出 Do、Re、Me······的声音，需要在 P2.0 引脚输出 7 种不同频率的方波，方波的频率与 7 个音符的频率对应，表 6-2 给出了一种情况（注意在不同的自然大调下，音阶对应的频率不同）。

表 6-2　音阶频率表

音阶	Do	Re	Mi	Fa	Sol	La	Si
音符	C5	D5	E5	F5	G5	A5	B5
频率 f/Hz	523	587	695	698	784	880	987

可以使用定时器 0 工作于方式 1，由不同的计数值产生不同的频率值。方波的周期 t 按下式计算：

$$t = 1/f \times 1000000 \ (\mu s)$$

定时时间是方波周期的一半，即 $t/2$。假设晶振频率为 12 MHz，定时器每个计数脉冲周期为 1 μs，由此确定定时器计数次数 cnt：

$$cnt = t/2$$

因为需要不停地播放出各个频率声音，为避免单片机反复根据频率计算要存入 TH0 和 TL0 的计数值，可以先计算出所有音阶频率对应的计数初值，并提前保存到数组中，播放相应频率声音时，从数组中读取相应计数值即可。

下面的计算式可将 cnt 分解为方式 1 下存入 TH0 和 TL0 的值：

$$TH0 = (2^{16} - cnt) / 256$$

$$TL0 = (2^{16} - cnt) \% 256$$

可以用数组 hi_list 和 lo_list 来保存产生频率 523 Hz、587 Hz……分别需要的定时/计数值的高字节和低字节。

表 6-3　音阶对应的数组元素值

i	0	1	2	3	4	5	6
计数值 cnt =t/2	956	852	759	716	638	568	507
hi_list [i]	252	252	253	253	253	253	254
lo_list [i]	68	172	9	52	130	200	5

3. 硬件设计

本实例的电路原理图如图 6-16 所示，P3.0 引脚接按键，P2.0 引脚接扬声器，同时输出的波形送虚拟示波器。在输出声音时可观察到脉宽逐步缩小，频率不断提高。

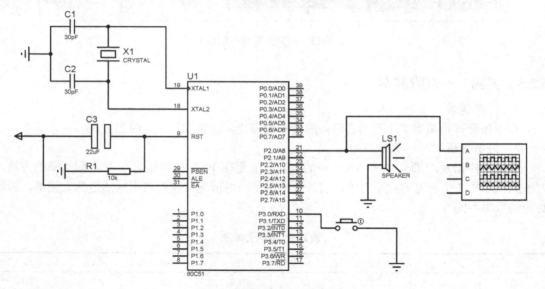

图 6-16　音阶演奏电路原理图

4. 程序设计

参考程序如下。

```
//6-5.c
#include <reg51.h>
#define uchar unsigned char
#define uint unsigned int
uchar i;                    //音阶索引
```

```
      sbit SPK = P2^0;               //扬声器
      sbit K1 = P3^0;
      uchar code hi_list[7] = {252,252,253,253,253,253,254};      //7 个音符在方式 1 下计数值的高 8 位
      uchar code lo_list[7] = {68,172,9,52,130,200,5};            //7 个音符在方式 1 下计数值的低 8 位
      void T0_INT() interrupt 1
      {     TL0 = lo_list[i];
            TH0 = hi_list[i];
            SPK = ! SPK;
      }
      void delay_nms(uint ms) //延时
      {     uchar t;
            while(ms--)
                 for(t=0;t<120;t++);
      }
      void main()
      {     EA = ET0 = 1;
            TMOD = 0x01;
            while(1)
            {     while(K1==1);            //未按按键，等待
                  while(K1==0);            //等待按键松开
                  for(i=0; i<7; i++){
                       TR0 = 1;            //播放 1 个音符
                       delay_nms(500);
                       TR0 = 0;            //停止播放
                       delay_nms(50);      //禁音延时
                  }
            }
      }
```

程序设计的核心在于 T0_INT( )定时器中断函数，在参考程序 6-5.c 中可以看到，TH0 与 TL0 的值是由音符索引 i 决定的，需要播出不同频率声音时，通过改变 i 值即可改变 TH0 与 TL0 的取值，这也同时影响了该函数触发的时间间隔，触发时间间隔越短，SPK=!SPK 输出的频率越高。

主程序中的 for 循环控制了 7 个音阶的播放，TR0 取 1 或 0 控制了声音的输出与暂停；delay_nms(500) 导致主程序延时期间，定时器会以一定的时间间隔持续触发，它使某个频率的音符输出能持续一定时间；后面的 delay_nms(50) 在一个音符输出结束后，形成一个较短的暂停间隔。

在此任务的基础上加以改进，可以实现简易电子琴的演奏或者音乐的播放。请读者尝试设计相应的程序和电路。

6.3.4 实例——60 s 倒计时秒表设计

1. 任务要求

设计软硬件电路，要求实现 60 s 倒计时秒表，秒表初始值显示为"60"；当 1 s 时间到，秒计数值减 1，当秒计数值到 0 后，回到"60"重新开始，如此周而复始。

2．任务分析

因为显示范围是 0～60 s，所以用 2 位静态显示的数码管即可。显然根据任务要求，每秒钟要更新一次数码管的显示，那么定时时间是不是就是 1 s 呢？

如果晶振频率为 12 MHz，定时方式 1 的最大定时时间为 2^{16} μs，也就是 65.536 ms，远小于 1 s。那么该如何处理呢？

一轮定时达不到要求，可以用多轮定时。假设采用 20 次 50 ms 的定时方案，将定时时间 t 设置为 50 ms，采用方式 1。那么计数初值为

$$a = 2^{16} - 50000 = 15536$$

3．硬件设计

本实例的电路原理图如图 6-17 所示，单片机的 P0 口和 P2 口各接一个共阴极数码管，分别输出显示十位和个位。

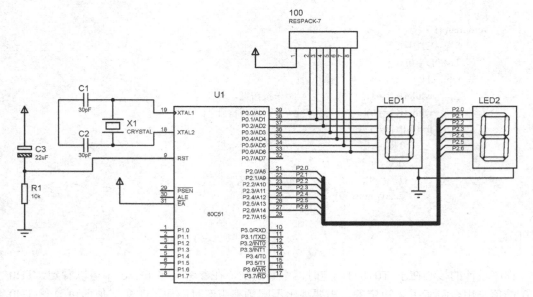

图 6-17　60 s 倒计时秒表电路原理图

4．程序设计

参考程序如下。

```
//6-6.c
#include <reg51.h>
#define uchar unsigned char
#define upper_time 60                      //倒计时上限
uchar code led_mode[]={0x3F,0x06,0x5B,0x4F,0x66,0x6D,0x7D,0x07,0x7F,0x6F};//led 字模
uchar num=0;                               //记录中断次数
char timecode = upper_time;                //记录当前显示值
void time0() interrupt 1
{       TL0 = 15536 % 256;
        TH0 = 15536 / 256;
        num++;
```

```
        if (num == 20)                          //1 s 定时到
        {    num = 0;
             timecode--;
             if (timecode == -1)                //倒计时到下限
                  timecode = upper_time;
        }
    }
    void main()
    {    P0 = P2 = 0x00;
         TMOD = 0x01;                            //T0 方式 1 初始化
         TL0 = 15536 % 256;                      //写入计数初值
         TH0 = 15536 / 256;
         ET0 = 1;                                //T0 开中断
         EA = 1;                                 //CPU 开中断
         TR0 = 1;
         while(1)
         {    P0 = led_mode[timecode/10];
              P2 = led_mode[timecode%10];
         }
    }
```

请思考为什么参考程序 6-6.c 中变量 timecode 要定义为 char 类型，而不是 unsigned char 类型？

5. 举一反三

请观察参考程序 6-6.c 的中断函数部分，有何不足？

我们发现程序 6-6.c 的中断函数的任务过多，不利于实时控制。因此，尝试如下新方案：中断函数中仅做中断次数统计和计数初值重入，其他操作改在主函数中进行。参考程序如下。

```
//6-7.c
#include <reg51.h>
#define uchar unsigned char
#define upper_time 60
uchar code led_mode[]={0x3F,0x06,0x5B,0x4F,0x66,0x6D,0x7D,0x07,0x7F,0x6F};//led 字模
uchar num=0;                             //记录中断次数
char timecode = upper_time;              //记录当前显示值
void time0() interrupt 1
{    TL0 = 15536 % 256;
     TH0 = 15536 / 256;
     num++;
}
void main()
{    P0 = P2 = 0x00;
     TMOD = 0x01;                         //T0 方式 1 初始化
     TL0 = 15536 % 256;                   //写入计数初值
     TH0 = 15536 / 256;
     ET0 = 1;                             //T0 开中断
```

```
        EA = 1;                                    //CPU 开中断
        TR0 = 1;
        while(1)
        {    if (num == 20)                        //1 s 定时到
            {    P0 = led_mode[timecode/10];
                 P2 = led_mode[timecode%10];
                 timecode--;
                 num =0;
                 if (timecode==-1)                 //倒计时到下限
                      timecode = upper_time;
            }
        }
}
```

类似地，程序 6-4.c 的中断函数也可以进行优化，请读者思考该如何修改。

6.3.5 实例——脉冲计数和显示

1．任务要求

用一个单片机产生方波信号，用另一个单片机对脉冲进行计数，并送数码管显示计数结果。假设需要计数的方波信号周期为 100 ms，总数不超过 50 个周期。

2．任务分析

根据任务要求需要两个单片机，其中一个单片机可以参照 6.3.2 节的方法产生方波信号。因为方波的周期是 100 ms，所以定时时间是 50 ms，选择定时方式 1。假设用 T1，那么 TMOD 值为 00010000B，即 0x10，因此计数初值为 $a = 2^{16} - 50000 = 15536$。

另外一个单片机用于计数，因为需要计数的方波信号不超过 50 个，所以工作在计数方式 2 即可，假设通过 P3.5 引脚输入计数信号，则 TMOD 值为 01100000B，即 0x60。T1 计数过程中，要实时读出 TL1 中的当前值，分离出十位和个位，查表后获得段码，送数码管显示，所以计数初值 a 设置为 0 即可。

3．硬件设计

本实例的电路原理图如图 6-18 所示，其中单片机 UB 的 P3.5 引脚接收单片机 UA 的 P2.0 引脚输出的方波信号，并进行计数。UB 的 P0 和 P2 口分别接共阴极数码管，显示统计的脉冲个数的十位和个位。

4．程序设计

单片机 UA 的参考程序如下。

```
//6-8.c
#include <reg51.h>
sbit P2_0=P2^0;
void main () {
    unsigned int i;
    TMOD = 0x01;                   //T0 定时方式 1
    TR0=1;                         //启动 T0
    for(i=0;i<100;i++)             //每 2 次循环产生一个周期的信号，一共 50 个周期
    {   TH0 = 15536 / 256;         //装载计数初值
```

```
        TL0 = 15536 % 256;
        do{ } while(!TF0);              //查询等待 TF0 复位
        P2_0 =!P2_0;                    //定时时间到，P2.0 反相
        TF0 = 0;                        //软件清 TF0
    }
    TR0=0;
    while(1);
}
```

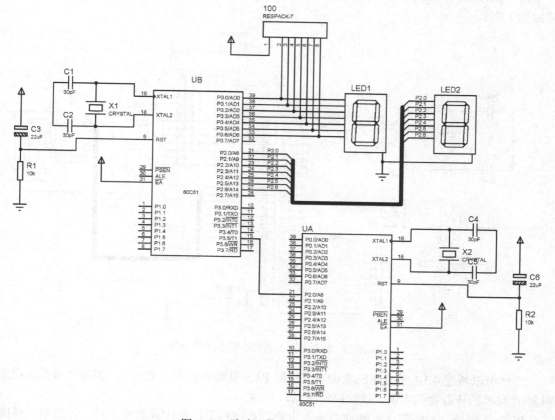

图 6-18   脉冲计数和显示电路原理图

单片机 UB 的参考程序如下。

```
//6-9.c
#include <reg51.h>
#define uchar unsigned char
uchar code led_mode[]={0x3F,0x06,0x5B,0x4F,0x66,0x6D,0x7D,0x07,0x7F,0x6F};//led 字模
void main()
{    TMOD = 0x60;                      //T1 计数模式方式 2
     TH1 = TL1 = 0;                    //计数初值
     EA = 0;
     TR1 = 1;
```

```
        while(1)
        {    P0 = led_mode[TL1/10];        //十位数段码
             P2 = led_mode[TL1%10];        //个位数段码
        }
    }
```

5. 举一反三

如果图 6-18 的 P3.5 引脚输入的计数脉冲，不是由单片机 UA 产生的，而是由按键按压产生的，如图 6-19 所示。该如何修改程序，实现按键每按压一次，数码管显示的数字会相应地加 1 呢？

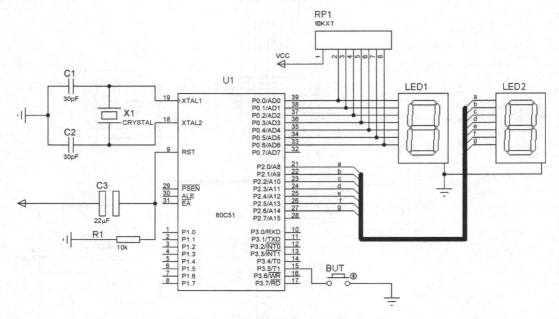

图 6-19　计数器扩展外部中断电路原理图

当然可以通过 4.3.1 节介绍的查询法来检测 P3.5 引脚状态变化来实现。但是如果要求用定时器/计数器的计数功能实现，该如何处理呢？

P3.5 引脚是 T1 外部计数脉冲的输入引脚，当 T1 工作在计数器模式时，计数器一旦因外部脉冲造成溢出，便可产生中断请求。这与利用外部脉冲在 P3.2 或 P3.3 产生外部中请求的做法在使用效果上并无差异。也就是说，利用计数器中断原理可以起到扩充外部中断源数量的作用。

我们需要的是按键按压一次就触发 T1 的溢出中断，也就是说，在计数初值的基础上加 1 就要到计数上限。

那么选择方式 0～3 中的哪一种呢？显然，这里最理想的是计数次结束后能够自动装入计数初值，所以选择方式 2。

将 T1 设置为计数器方式 2，设法使其在一个外部脉冲到来时就能溢出（即计数 1 次就溢出）产生中断请求，故计数初值为

$$a = 2^8 - 1 = 255$$

初始化 TMOD = 0110 0000B=0x60。

参考程序如下。

```
//6-10.c
#include <reg51.h>
unsigned char code table[]={0x3F,0x06,0x5B,0x4F,0x66,0x6D,0x7D,0x07,0x7F,0x6F};
unsigned char count=0;                    //计数器赋初值
void int1_srv () interrupt 3               //T1 中断函数
{     if(++count > 50) count=0;            //判断循环是否超限
      P0=table[count/10];                  //显示十位数
      P2=table[count%10];                  //显示个位数
}
main()
{    P0=P2=table[0];                       //显示初值 "00"
     TMOD=0x60;                            //T1 计数方式 2
     TH1=TL1=0xFF;                         //计数初值
     ET1=1;                                //开中断
     EA=1;
     TR1=1;                                //启动 T1
     while(1);
}
```

需要计数的脉冲个数超过 100 个，图 6-18 就不能用 2 位数码管静态显示，而需要用多位数码管进行动态显示。当脉冲数量超过 256 个，程序 6-9.c 采用计数方式 2 也不能满足需要。请思考此时的软硬件设计该如何修改？

此外，请读者思考如果要显示的不是脉冲个数，而是脉冲的频率，又该如何修改软硬件设计？

6.4 小结

本任务从发光二极管按固定时间间隔闪烁的案例导入问题，介绍了定时器/计数器的结构、工作原理、控制寄存器以及工作方式，给出了定时器/计数器初始化的一般步骤。然后通过 5 个实例及相关拓展，结合实际介绍了定时器/计数器在产生方波、音阶演奏、定时控制、脉冲计数以及拓展外部中断源等方面的应用。

思政小贴士：时间的力量

通过本任务的学习，读者对定时器能够精确控制时间一定印象深刻。那么你在生活中对自己的时间安排又是怎样的呢？

人生就是由时间组成的。一分一秒的时间，看似平淡无奇，其实是生命的计时器。叔本华说：**"平庸的人关心怎样耗费时间，有才能的人竭力利用时间"**。荒废了时间，时间就把你荒废了。所以我们要尽可能做到：在有限的时间内完成重要的事情，充分利用自己工作效率高的时间，尽可能克服拖延心理，"今日事今日毕"。只有成为时间的主人，才有可能掌握自己的人生。

通过本任务的学习，我们发现单片机的定时器通过加 1 计数器对晶振信号的 12 分频计数来定时，每 1 个机器周期计数 1 次。要实现 1 s 的定时，在晶振频率为 12 MHz 的情况下，需要计数 10^6 次。这需要通过多轮定时才能实现，比如单轮定时 50 ms，20 轮达到 1 s。在此基础上实现时钟的控制，要不断重复上面的计数过程。虽然每次计数只是一小步，但是长此以往，就能记录 1 秒、1 分、1 小时、1 天……

正所谓不积跬步无以至千里，不积小流无以成江河。我们每天坚持学习一点新知识、跑一会儿步、读一点书，虽然每天只是一点点，但是长此以往，多年累积下来，对我们的影响也会是可观的。看看表 6-4 中的式子，每天多做一点，和每天少做一点，差距是惊人的，你会选哪个呢？

表 6-4 "励志"公式与"丧志"公式

公式	解释
$1.01^3 \times 0.99^2 < 1.01$	三天打鱼，两天晒网
$1.01^{365} = 37.8$ $0.99^{365} = 0.03$	积跬步以至千里 积懈怠以致深渊
$1.02^{365} = 1377.4$ $1.01^{365} = 37.8$	多一份努力，多一份收获
$1.02^{365} = 1377.4$ $1377.4 \times 0.98^{365} = 0.86$	只多了一点怠惰，亏空了千份成就

6.5 问题与思考

1. 选择题

（1）51 单片机的定时器 T1 用作定时方式时是_____。

    A. 由内部时钟频率定时，1 个时钟周期加 1

    B. 由内部时钟频率定时，1 个机器周期加 1

    C. 由外部时钟频率定时，1 个时钟周期加 1

    D. 由外部时钟频率定时，1 个机器周期加 1

（2）51 单片机的定时器 T1 用作计数方式时，_____。

    A. 外部计数脉冲由 T1（P3.5 引脚）输入

    B. 外部计数脉冲由内部时钟频率提供

    C. 外部计数脉冲由 T0（P3.4 引脚）输入

    D. 外部计数脉冲由 P0 口任意引脚输入

（3）51 单片机的定时器 T1 用作定时方式 1 时，工作方式的初始化编程语句为_____。

    A. TCON=0x01;   B. TCON=0x05;   C. TMOD=0x10;   D. TMOD=0x50;

（4）51 单片机的定时器 T1 用作计数方式 2 时，工作方式的初始化编程语句为_____。

    A. TCON=0x60;   B. TCON=0x02;   C. TMOD=0x06;   D. TMOD=0x20;

（5）设 51 单片机晶振频率为 12 MHz，若用定时器 T0 的工作方式 1 产生 1 ms 定时，则 T0 计数初值应为_____。

    A. 0xFC18   B. 0xF830   C. 0xF448   D. 0xF060

（6）启动定时器 1 开始定时的 C51 指令是_____。

A．TR0=0; 　　B．TR1=0; 　　C．TR0=1; 　　D．TR1=1;

（7）使用 51 单片机的定时器 T0 时，若允许 TR0 启动计数器，应使 TMOD 中的_____。

A．GATE 位置 1　　B．C/T 位置 1　　C．GATE 位清 0　　D．C/$\overline{T}$ 位清 0

（8）使用 51 单片的定时器 T0 时，若允许 $\overline{INT0}$ 启动计数器，应使 TMOD 中的_____。

A．GATE 位置 1　　B．C/T 位置 1　　C．GATE 位清 0　　D．C/$\overline{T}$ 位清 0

（9）51 单片机采用计数器 T1 方式 1 时，要求每计满 10 次产生溢出标志，则 TH1、TL1 的初始值是_____。

A．0xFF，0xF6　　B．0xF6，0xF6　　C．0xF0，0xF0　　D．0xFF，0xF0

（10）当 T0 工作在_____时，适合于要求增加一个定时器的场合。

A．方式 0　　　　B．方式 1　　　　C．方式 2　　　　D．方式 3

2．判断题

（1）（　　）在 51 单片机内部结构中，TMOD 为模式控制寄存器，主要用来控制定时器的启动与停止。

（2）（　　）当 51 单片机的定时器 T0 计满数变为 0 后，溢出标志位（TCON 的 TF0）也变为 0。

（3）（　　）在 51 单片机内部结构中，TCON 为控制寄存器，主要用来控制定时器的启动与停止。

（4）（　　）若 51 单片机的定时器/计数器 T1 在定时模式，工作于方式 2，则工作方式字为 0x20。

（5）（　　）51 单片机的两个定时器均有两种工作方式，即定时和计数工作方式。

3．填空题

（1）单片机的定时器/计数器的本质上都是计数，定时模式是对_____进行计数；当晶振频率是 6 MHz 时，51 单片机的计数器所接外部脉冲的最高频率为_____Hz。

（2）51 单片机的定时器/计数器由两个 8 位专用的寄存器，即_____和_____来控制。

（3）51 单片机的定时器/计数器有 4 种工作方式，其中方式_____具有自动重装初值功能。

（4）使用定时器 T1 时，有_____种工作模式。定时器 T1 不能工作在方式_____。

（5）若晶振频率 f_{osc}=12 MHz，则定时器/计数器 T0 工作在计数方式时，在方式 1 下的最大计数值为_____，在方式 2 下的最大计数值为_____。

（6）若晶振频率 f_{osc}=12 MHz，要求定时器 T1 工作于方式 1，定时 50 ms，由软件启动，允许中断，则方式控制字 TMOD 应为_____。

（7）在应用定时器/计数器时，溢出标志 TFx 置位后，若用软件处理溢出信息通常有两种方法，即_____法和_____法。

（8）若要允许外部输入 $\overline{INT0}$ 的电平控制定时器 T0，则门控位 GATE=_____，且启动控制位 TR0=_____。

（9）用定时器 T1 方式 2 计数，要求每计满 100 次，向 CPU 发出中断请求，TH1、TL1 的初始值是_____。

（10）要测量 $\overline{INT0}$ 引脚上的一个正脉冲宽度，那么特殊功能寄存器 TMOD 的内容应为_____。

4．问答题

（1）软件定时和硬件定时的原理有何不同？

（2）51 单片机定时器/计数器的定时功能和计数功能有什么不同?分别应用在什么场合?

（3）51 单片机的定时器/计数器是加 1 计数器还是减 1 计数器？加 1 和减 1 计数器在计数和计算计数初值时有什么不同？

（4）当定时器/计数器在工作方式 1 下，晶振频率为 6 MHz，请计算最短定时时间和最长定时时间各是多少？

5．上机操作题

（1）f_{osc}=12 MHz，使用 T0 在 P1.0 端输出频率为 20 kHz 的方波，要求采用中断和查询方式两种方式。

（2）将 5.3.3 节交通灯控制里的软件延时替换成用定时器来实现。

（3）设计程序和电路，实现在 1 位数码管上逐位输出新中国成立的时间，每隔 0.5 s 输出 1-9-4-9-1-0-0-1，不断循环。

任务 7　串行通信技术应用

7.1　学习目标

7.1.1　任务说明

通过单片机之间的双机通信设计、单片机和 PC 之间的串行通信及任务要求，巩固定时器的功能和编程应用，理解串行通信方式，掌握串行通信的重要指标，即字符帧和波特率；掌握51 系列单片机串行口的使用方法。

双机通信、单片机和 PC 之间通信的过程包括发送和接收，相互通信的发送机中包含发送程序，接收机中包含接收程序，异步串行通信通过查询方式或者串行中断方式来确定数据的接收和发送。通过对本任务的学习，读者能够进一步强化单片机的硬件设计和软件的运行与调试能力。

7.1.2　知识和能力要求

知识要求：
- 掌握串行通信的基础知识；
- 熟悉串行通信与并行通信的区别；
- 了解单片机的串行接口及串行口特殊功能寄存器；
- 掌握串行通信程序设计的初始化内容；
- 了解常用的串行通信电平转换芯片 MAX232；
- 掌握单片机串行通信常用的标准接口。

能力要求：
- 能灵活设计串行口电路实现通信；
- 能灵活针对硬件通信电路编写应用程序；
- 能对双机通信电路进行正确连线；
- 能灵活应用通信的标准接口实现通信；
- 能使用编译器下载程序到单片机中。

7.2　任务准备

7.2.1　串行通信基础

实际应用中，不但计算机与外部设备之间需要进行信息交换，计算机之间也需要交换信息，这些信息的交换称为"通信"。

1．串行通信与并行通信

通信的基本方式分为并行通信和串行通信两种，如图 7-1 所示。

图 7-1　并行通信和串行通信示意图
a) 并行通信　b) 串行通信

并行通信，即数据的各位同时传送。其特点是传输速度快，但当距离较远、位数又多时通信线路复杂且成本高。

串行通信，即数据一位一位地顺序传送。其特点是通信线路简单，只要一对传输线就可实现通信，大大降低了系统成本，尤其适合远距离通信，不过其传输速度慢。

2．单工通信与双工通信

按照数据的传送方向，串行通信可分为单工、半双工和全双工 3 种制式，如图 7-2 所示。

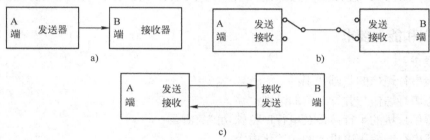

图 7-2　单工、半双工、双工 3 种通信制式
a) 单工　b) 半双工　c) 全双工

在单工制式下，通信一方只具备发送器，另一方只具备接收器，数据只能按照一个固定的方向传送，如图 7-2a 所示。

在半双工制式下，通信双方都具备发送器和接收器，但同一时刻只能有一方发送，另一方接收；两个方向上的数据传送不能同时进行，其收发开关一般是由软件控制的电子开关，如图 7-2b 所示。

在全双工制式下，通信双方都具备发送器和接收器，可以同时发送和接收，即数据可以在两个方向上同时传送，如图 7-2c 所示。

在实际应用中，尽管多数串行通信电路接口具有全双工功能，但一般情况下，只工作于半双工制式下，这种用法简单、实用。

3．异步通信与同步通信

按照串行数据的始终控制方式不同，串行通信可以分为异步通信和同步通信两类。

（1）异步通信

在异步通信（Asynchronous Communication）中，数据通常以字符为单位组成字符帧来传送。字符帧由发送端一帧一帧地发送，每一帧数据是低位在前、高位在后，通过传输线由接收端一帧一帧地接收。发送端和接收端分别使用各自独立的时钟来控制数据的发送和接收，这两个时钟彼此独立，互不同步。

异步通信设备简单、便宜，但由于需要传输字符帧中的开始位和停止位，因此异步通信的数据开销比例较大，传输效率较低。

异步通信有两个比较重要的指标，即字符帧和波特率。

1）字符帧。字符帧也称为数据帧，由起始位、数据位、奇偶校验位和停止位 4 部分组成，如图 7-3 所示。

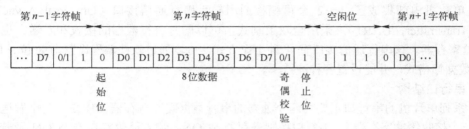

图 7-3 串行通信字符帧格式

① 起始位：位于字符帧开头，只占一位，为逻辑低电平，用于向接收设备表示发送端开始发送一帧信息。

② 数据位：紧跟在起始位之后，根据情况可以取 5 位、6 位、7 位或 8 位，低位在前，高位在后。

③ 奇偶校验位：位于数据位之后，仅占一位，用来表示串行通信中采用奇校验还是偶校验，由用户编程决定。

④ 停止位：位于字符帧最后，为逻辑高电平。通常可取 1 位、1.5 位或 2 位，用于向接收端表示一帧字符信息已经发送完，也为发送下一帧做准备。

停止位之后紧接着可以是下一个字符帧的起始位，也可以是空闲位（逻辑 1 高电平），意味着线路处于等待状态。

2）波特率（Baud Rate）。波特率为每秒钟传送二进制数码的位数，单位为 bit/s。波特率用于表示数据传输的速率，波特率越高，数据传输的速率越快。通常异步通信的波特率为50～19200 bit/s。

（2）同步通信

同步通信（Synchronous Communication）是以数据块方式传输数据。在面向字符的同步传输中，其帧的格式通常由 3 个部分组成，即由若干个字符组成的数据块、在数据块前加上的1～2 个同步字符 SYN 以及在数据块的后面根据需要加入的若干个校验字符 CRC，如图 7-4所示。

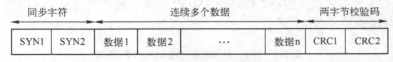

图 7-4 同步通信数据格式

同步通信方式的同步由每个数据块前面的同步字符实现。同步字符的格式和数量可以根据需要约定。接收端在检测到同步字符之后，便确认开始接收有效数据字符。

与异步通信不同的是，同步方式需要提供单独的时钟信号，且要求接收器时钟和发送器时钟严格保持同步。

4．串行口的连接方法

根据通信距离的不同，串行口的电路连接方式有 3 种。如果距离很近，只要两根信号线（TXD、RXD）和一根地线（GND）就可以实现互联；为了提高通信距离，距离在 15 m 以内可以采用 RS-232 接口实现；如果是远距离通信，可通过调制解调器进行通信互联。

7.2.2 串行接口

51 单片机内部集成了 1～2 个可编程通用异步串行通信接口（Universal Asynchronous Receive/Transmitter，UART），采用全双工制式，可以同时进行数据的接收和发送，也可以做同步移位寄存器。该串行通信接口有 4 种工作方式，可以通过软件编程设置为 8 位、10 位、11 位的数据帧格式，并能设置各种波特率。

1．串行口结构

51 系列单片机的串行口主要由两个独立的串行数据缓冲寄存器 SBUF（一个发送缓冲寄存器、一个接收缓冲寄存器）、串行口控制寄存器 SCON、输入移位寄存器 PCON 及若干控制门电路组成。串行口内部结构如图 7-5 所示。

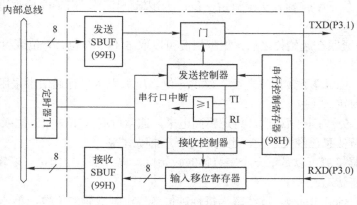

图 7-5　串行口内部结构图

2．特殊功能寄存器

（1）串行口数据缓冲寄存器 SBUF

串行口数据缓冲寄存器 SBUF 用于存放发送/接收的数据。

（2）串行口控制寄存器 SCON

串行口控制寄存器 SCON 用于控制串行口的工作方式和工作状态，可进行位寻址，复位时，SCON 各位均清 0。波特率发生器由定时器 T1 构成，波特率与单片机晶振频率、定时器 T1 初值、串行口工作方式以及波特率选择位 SMOD 有关。表 7-1 为 SCON 的格式；表 7-2 为串行口控制寄存器 SCON 各位的含义。

表 7-1　串行口控制寄存器 SCON 的格式

位序号	D7	D6	D5	D4	D3	D2	D1	D0
位符号	SM0	SM1	SM2	REN	TB8	RB8	TI	RI

表 7-2　串行口控制寄存器 SCON 各位的含义

控制位		说　明				
SM0 SM1	工作方式选择位	SM0	SM1	工作方式	功　能	波特率
		0	0	方式 0	8 位同步移位寄存器	$f_{osc}/12$
		0	1	方式 1	10 位 UART	可变
		1	0	方式 2	11 位 UART	$f_{osc}/64$ 或 $f_{osc}/32$
		1	1	方式 3	11 位 UART	可变
SM2	多机通信控制位	在方式 0 中，SM2 应为 0。在方式 1 处于接收时，若 SM2=1，则只有当接收到有效的停止位后，RI 才置 1。在方式 2、3 处于接收时，若 SM2=1，且接收到的第 9 位数据 RB8 为 0 时，不激活 RI；若 SM2=1，且当 RB8=1 时，置 RI=1。在方式 2 及方式 3 处于发送方式时，若 SM2=0，则无论接收到的第 9 位 RB8 为 0 还是 1，TI、RI 都以正常方式被激活				
REN	允许串行接收位	由软件置位或清零。REN=1，允许接收；REN=0，禁止接收				
TB8	发送数据的第 9 位	在工作方式 2、3 时，存放待发送数据帧的第 9 位的内容，主要用于多机通信或奇偶校验。				
RB8	接收数据的第 9 位	在工作方式 2、3 时，存放已接收数据帧的第 9 位的内容，主要用于多机通信或奇偶校验。				
TI	发送中断标志位	在方式 0 中，发送完 8 位数据后，由硬件置位；在其他方式中，在发送停止位之初由硬件置位。因此，TI=1 是发送完一帧数据的标志，其状态既可供软件查询使用，也可请求中断。TI 位必须由软件清 0				
RI	接收中断标志位	在方式 0 中，接收完 8 位数据后，由硬件置位；在其他方式中，当接收到停止位时该位由硬件置 1。因此，RI=1 是接收完一帧数据的标志，其状态既可供软件查询使用，也可请求中断。RI 位也必须由软件清 0				

（3）电源控制寄存器 PCON

电源控制寄存器 PCON 是一个特殊的功能寄存器，它主要用于电源控制方面。另外，PCON 中的最高位 SMOD 称为波特率加倍位，用于对串行口的波特率控制。它的格式见表 7-3。

表 7-3　PCON 格式

D7	D6	D5	D4	D3	D2	D1	D0
SMOD	—	—	—	GF1	GF0	PD	IDL

其中，最高位 SMOD 为串行口波特率选择位。当 SMOD=1 时，串行口工作方式 1、方式 2、方式 3 时的波特率加倍。

3. 串行口工作方式

（1）方式 0

在方式 0 下，串行口做同步移位寄存器使用，其波特率固定为 $f_{osc}/12$。串行数据从 RXD（P3.0）端输入或输出，同步移位脉冲由 TXD（P3.1）送出。这种方式用于扩展 I/O 端口。

（2）方式 1

在方式 1 下，串行口为波特率可调的 10 位通用异步接口 UART，发送或接收的一帧信息包括 1 位起始位、8 位数据位和 1 位停止位。数据帧格式如图 7-6 所示。

发送时，当数据写入发送缓冲器 SBUF 后，启动发送器发送，数据从 TXD 输出。当发送完一帧数据后，置中断标志 TI 为 1。方式 1 的波特率取决于定时器 T1 的溢出率和 PCON 中的 SMOD 位。

接收时，REN 置 1，允许接收，串行口采样 RXD，当采样由 1 到 0 跳变时，确认是起始位"0"，开始接收一帧数据。当 RI=0，且停止位为 1 或 SM2=0 时，停止位进入 RB8 位，同时置位中断标志 RI；否则信息将丢失。所以，采用方式 1 接收时，应先用软件清除 RI 或 SM2 标志。

图 7-6　方式 1 下的 10 位帧格式

（3）方式 2

在方式 2 下，串行口为 11 位 UART，传送波特率与 SMOD 有关。发送或接收的一帧数据包括 1 位起始位、8 位数据位、1 位可编程位（用于奇偶校验）和 1 位停止位。其帧格式如图 7-7 所示。

图 7-7　方式 2 下的 11 位帧格式

发送时，先根据通信协议由软件设置 TB8，然后将要发送的数据写入 SBUF，启动发送。写 SBUF 语句，除了将 8 位数据送入 SBUF 外，同时还将 TB8 装入发送移位寄存器的第 9 位，并通知发送控制器进行一次发送，一帧信息即从 TXD 发送。在发送完一帧信息后，TI 被自动置 1，在发送下一帧信息之前，TI 必须在中断服务程序或查询程序中清零。

当 REN=1 时，允许串行口接收数据。当接收器采样到 RXD 端负跳变，并判断起始位有效后，数据由 RXD 端输入，开始接收一帧信息。当接收器接收到第 9 位数据后，若同时满足以下条件：RI=0 和 SM2=0 或接收到的第 9 位数据为 1，则接收数据有效，将 8 位数据送入 SBUF，将第 9 位数据送入 RB8，并置 RI=1。若不满足上述条件，则信息丢失。

（4）方式 3

方式 3 为波特率可变的 11 为 UART 通信方式，除了波特率以外，方式 3 和方式 2 完全相同。

4. 波特率设置方法

51 单片机串行口通过编程可以有 4 种工作方式，其中方式 0 和方式 2 的波特率是固定的；方式 1 和方式 3 的波特率可变，由定时器 T1 的溢出率决定。

（1）方式 0 和方式 2

在方式 0 下，波特率为时钟频率的 1/12，即 $f_{osc}/12$，固定不变。

在方式 2 下，波特率取决于 PCON 中的 SMOD 位的值，当 SMOD=0 时，波特率为 $f_{osc}/64$；当 SMOD=1 时，波特率为 $f_{osc}/32$，即波特率=$2^{SMOD} \times f_{osc}/64$。

（2）方式 1 和方式 3

在方式 1 和方式 3 下，波特率由定时器 T1 的溢出率和 SMOD 共同决定，即波特率

$=2^{SMOD} \times T1$ 溢出率/32。其中 T1 的溢出率取决于定时器 T1 的计数速率和定时器的预置值。当定时器 T1 设置在定时方式时，定时器 T1 的溢出率=（T1 计数速率）/（产生溢出所需机器周期数），T1 计数速率=f_{osc}/12；产生溢出所需机器周期数=定时器最大计数值 M- 计数初值 a，所以，串行口接口工作在方式 1 和方式 3 时的波特率计算公式为

$$波特率=(2^{SMOD}/32) \times (f_{osc}/(12 \times (M-a)))$$

$$计算初值 \ a=M-(2^{SMOD}/32) \times (f_{osc}/(12 \times 波特率))$$

定时器 T1 工作在方式 2 时，M=2^8=256，定时器 T1 工作在方式 1 时，M=2^{16}=65536。表 7-4 列出了常用的波特率及获得方法。

表 7-4　常用的波特率及获得方法

波特率	f_{osc}/MHz	SMOD	定时器 T1		
			$C/\overline{T}$	方式	初始值
方式 0：1 Mbit/s	12	×	×	×	×
方式 2：375 kbit/s	12	1	×	×	×
方式 1、3：62.5 kbit/s	11.0592	1	0	2	0xFF
19.2 kbit/s	11.0592	1	0	2	0xFD
9.6 kbit/s	11.0592	0	0	2	0xFD
4.8 kbit/s	11.0592	0	0	2	0xFA
2.4 kbit/s	11.0592	0	0	2	0xF4
1.2 kbit/s	11.0592	0	0	2	0xE8
137.5 kbit/s	11.0592	0	0	2	0x1D

综上所述，设置串行口波特率的步骤如下。

1）写 TMOD，设置定时器 T1 的工作方式。

2）给 TH1 和 TL1 赋值，设置定时器 T1 的初值 X。

3）置位 TR1，启动定时器 T1 工作，即启动波特率发生器。

7.2.3　串行通信程序设计

串行口通信程序的编程主要包括以下几个部分。

（1）串行口的初始化编程

串行口的初始化编程主要是对串行口控制寄存器 SCON、电源控制寄存器 PCON 中的 SMOD 进行设置及串行口波特率发生器 T1 的初始化。若涉及中断系统，则还需要对中断允许控制寄存器 IE 及中断优先级控制寄存器 IP 进行设定。

一般步骤如下：设定串行口工作方式；若波特率加倍时，设定 SMOD；波特率可变时，设定定时器 T1 工作方式；计算 T1 初始值；禁止定时器 T1 中断；启动 T1，产生波特率；若使用中断方式，则开放 CPU 总中断，开串行口中断；根据需要设定串行口中断优先级为高。

例 7-1　若 f_{osc}=6 MHz，波特率为 2400 bit/s，SMOD=1，请进行初始化编程。

解：① 设定串行口工作方式为 1、波特率可调的 10 位 UART，则 SM0=0，SM1=1；即 SCON=0100 0000B=0x40。

② 假设波特率加倍，则设定 SMOD=1。

③ 设定定时器 T1 工作方式 2，计算 TH1、TL1 初始值。

TMOD=0010 0000B=0x20；

利用公式：波特率=$(2^{SMOD}/32)\times(f_{osc}/(12\times(256-a)))$推出

$$2400=(2/32)\times(6\times10^6)/(12\times(256-a))=(1/16)\times(500000/(256-a))$$

得到 a=243D=0xF3；即 TH1=0xF3，TL1=0xF3。如果在表格中有相应数据可以直接查表，也可以利用 51 单片机波特率计算器（网上可以下载）直接计算。

④ 禁止 T1 中断，设置 ET1=0。

⑤ 启动 T1 产生波特率，设置 TR1=1。

⑥ 开放 CPU 中断，设置 EA=1。

⑦ 开串行口中断，设置 ES=1。

⑧ 根据需要设定串行口中断优先级为高，设置 PS=1。

（2）发送和接收程序设计

通信过程包括发送和接收两部分，一次完整的通信程序也包括发送程序和接收程序，它们分别位于发送机和接收机中。发送程序和接收程序的设计一般采用查询和中断两种方法。

异步串行通信是以帧为基本信息单位传送的。在每次发送或接收完一帧数据后，将由硬件使 SCON 中的 TI 或 RI 的状态是否有效来判断一次数据发送或接收是否完成，如图 7-8 所示。在发送程序中，首先将数据发送出去，然后查询是否发送完毕，再决定是否发下一帧数据，即"先发后查"。在接收程序中，首先判断是否接收到一帧数据，然后保存这一帧数据，即"先查后收"。

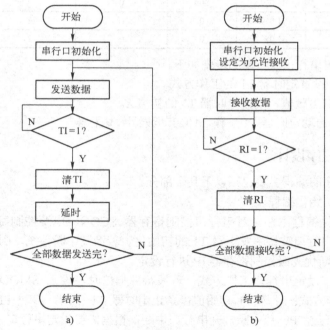

图 7-8　查询方式程序流程图

a) 发送程序　b) 接收程序

如果采用中断方法编程，则将 TI、RI 作为中断申请标志。如果设置系统允许串行口中断，则每当 TI 或 RI 产生一次中断申请，就表示一帧数据发送或接收完成。CPU 响应一次中断请求，执行一次中断服务程序，在中断服务程序中完成数据的发送或接收，如图 7-9 所示。其中发送程序中必须有一次发送数据的操作，目的是启动第一次中断，之后所有数据的发送均在中断服务程序中完成。而接收程序中，所有的数据接收操作均在中断服务程序程序中完成。

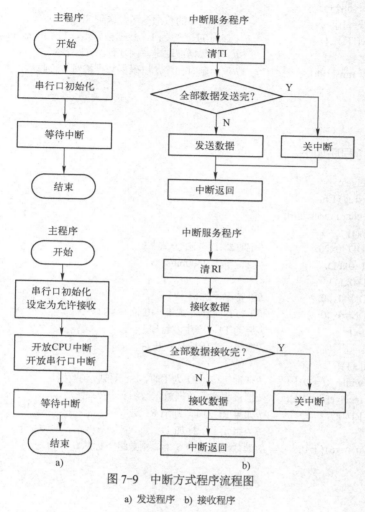

图 7-9　中断方式程序流程图

a) 发送程序　b) 接收程序

例 7-2　用查询方式将甲机中数据块 "950706" 传递给乙机。

解： 设波特率为 9600 bit/s，T1 的工作方式为方式 2，f_{osc}=11.0592 MHz，SMOD=0。查表 7-4 得到 TH1=0xFD；TL1=0xFD；设定串行口工作方式 1，10 位 UART。

发送数据参考程序如下。

```
//7-1_send.c
#include <reg51.h>
unsigned char a[6]={9,5,0,7,0,6};       //发送的数据放到一数组中
void main(){
    TMOD=0x20;                          //定时器 T1 工作方式 2
    TH1=0xFD;                           //波特率为 9600 bit/s
    TL1=0xFD;
```

```
            PCON=0x00;                      //波特率不加倍
            SCON=0x40;                      //串行口工作方式1，10 位 UART
            TR1=1;                          //启动 T1，产生波特率
            for(i=0;i<6;i++){
                SBUF=a[i];                  //把数组中的数据循环发送到 SBUF 中
                while(!TI){;}               //查询 TI 是否为 1，数据被取走，TI 会变成 1
                TI=0;                       //一旦数据被取走，则软件给 TI 清零
                delay_nms(100);             //调用延时程序，以确保数据被对方接收后再发下一帧数据
            }
            while(1);
        }
```

接收数据参考程序如下。

```
//7-1_receive.c
#include <reg51.h>
unsigned char i,receive[6];
void main(){
        TMOD=0x20;                      //定时器 T1 工作方式 2
        TH1=0xFD;                       //波特率为 9600bit/s
        TL1=0xFD;
        PCON=0x00;                      //波特率不加倍
        SCON=0x40;                      //串行口工作方式1，10 位 UART
        TR1=1;                          //启动 T1，产生波特率
        i=0;                            //数组元素下标从 0 开始
        while(1){
            while(RI==0){;}             //查询等待，RI 为 1 时，表示接收到数据
            receive[i]=SBUF;            //把接收到的数据放入数组 receive 中
            RI=0;                       //如果 RI 为 1，则清 RI
            i++;                        //数组元素下标加 1
            if(i>=6){ i=0;}             //当数组元素满 6 个，则数组下标从 0 开始
        }
    }
```

7.3 任务实施

7.3.1 实例——单片机双机通信：银行动态密码获取系统设计

1. 任务要求

在银行业务系统中，为了提高柜员登录安全和授权操作中的安全性，应采用动态口令系统。本任务通过单片机的双机通信实现动态密码的获取。假设甲机中存放的动态口令是950706，甲机发送动态口令给乙机，乙机接收到动态口令后，在 6 个数码管上显示出来；并且回发一个数据 0xAA 给甲机，甲机收到此数据后点亮一绿色 LED，以表示双机通信成功。为表示甲机在给乙机发送数据，可以在甲机上连接一红色 LED，发送数据期间此 LED 点亮，不

发送数据期间，此灯熄灭。

通过本任务的设计与制作，读者应加深对串行通信与并行通信方式异同的理解，要求读者掌握串行通信的重要指标，即字符帧和波特率，并熟练掌握单片机串行通信接口的使用方法。

本任务在实施过程中，应重点掌握串行通信的初始化方法，掌握串行通信中断服务程序的编程方法，熟悉中断的执行过程。

2. 任务分析

根据银行动态密码获取系统设计的工作内容和要求，甲机需要发送动态密码 950706 给乙机，这串数据可以存放在一个字符数组中，循环发送 6 次，将数组中的数据通过中断或者查询方式发送给乙机。乙机可以通过中断方式，也可利用查询方式接收数据。一旦数据接收成功，则通过串口发送 0xAA 给甲机，以表示成功接收完成甲机发来的数据。甲机接收到 0xAA 后点亮绿色 LED。甲机和乙机均需要完成接收和发送数据操作。

乙机需要连接 6 个数码管，将从甲机发送来的数据显示出来。

3. 硬件设计

根据任务分析，乙机的 6 个数码管采用动态连接方式，各位共阳极数码管相应的段选控制端并联在一起，由 P1 口控制，用八同相三态缓冲器/线驱动器 74LS245 驱动。各位数码管的公共端，也称为"位选端"，由单片机的 P2 口通过 6 个反相驱动器 74LS04 驱动。甲机作为发送器，乙机作为接收器，将甲机的 TXD 端连接乙机的 RXD 端；甲机的 RXD 端连接乙机的 TXD 端。需要注意的是两个系统必须共地。

在甲机的 P1.0 口连接绿色 LED 灯，一旦甲、乙两个单片机成功通信后会点亮绿色 LED 灯；在甲机的 P1.1 口连接红色 LED 灯，在甲乙两机进行串行通信期间，此灯点亮，其余时间此灯熄灭。银行动态密码获取系统的电路如图 7-10 所示。注意，此电路图中晶振电路和复位电路均没体现，在仿真环境中默认含有这两部分的电路，可以正常运行，在开发板中不能省略这两部分电路。

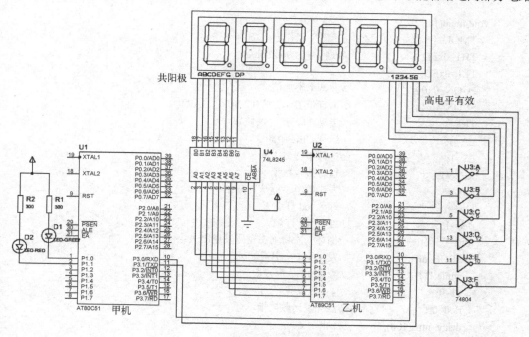

图 7-10　银行动态密码获取系统电路图

表 7-5 为银行动态密码获取系统电路元器件清单。

表 7-5　银行动态密码获取系统电路元器件表

元器件名称	型　号	数　量
单片机	AT89C51	2
发光二极管	红色、绿色	各 1
晶振	11.0592 MHz	2
电容	30 pF	4
电解电容	22 μF/16V	2
电阻	10 kΩ	2
按钮	—	2
电阻	300 Ω	2
数码管	共阳极 6 数码管屏	1
八同相三态缓冲器/线驱动器	74LS245	1
反相驱动器	74LS04	1

4．程序设计

（1）甲机程序设计

在主程序中首先进行串行口参数初始化以及其他参数的初始化，主要包括波特率、串行口工作方式、CPU 中断允许、串行口中断允许及允许接收数据等参数的设置。

银行动态密码存放在 send 数组中，在主程序中利用查询方式循环 6 次将 6 个字符发送给乙机。每发送一个字符需要延时一段时间，以确保发送的数据被对方接收。

主要代码如下。

```
void main(){
    TMOD=0x20;              //定时 1 工作方式 2
    TH1=0xFD;               //波特率为 9600 bit/s
    TL1=0xFD;
    PCON=0x00;              //波特率不加倍
    SCON=0x40;              //串行口工作方式 1，10 位 UART
    TR1=1;                  //启动 T1，产生波特率
    EA=1;                   //运行 CPU 中断
    ES=1;                   //运行串行口中断
    REN=1;                  //运行接收数据
    i=0;                    //发送数组下标从 0 开始
    gled=1;                 //绿色 led 灯熄灭
    rled=1;                 //红色 led 灯熄灭
    for(i=0;i<6;i++){       //循环 6 次将动态密码发送出去
        SBUF=a[i];          //发送第 i 个字符
        while(!TI){;}       //查询 TI 是否为 1
        TI=0;
        rled=0;             //点亮发送数据指示灯
        delay_nms(100);     //延时
    }
```

```
        rled=1;                                //熄灭红色 led 灯
        while(1);
     }
```

甲机利用中断方式接收乙机发来的握手信号 0xAA，中断服务程序如下。

```
void myreceive() interrupt 4 using 0{        //串行口中断服务程序
   if(RI){                                   //缓冲器中有数据
      receivedata=SBUF;                      //取出缓冲器中的数据
      if(receivedata==0xAA){                 //判断接收到的数据是否为双方约定的握手信号
         gled=0;                             //如果是握手信号，则点亮绿色 led 灯，表示串行通信成功
         rled=1;                             //红色 led 灯熄灭
      }
      else gled=1;                           //否则，绿色 led 灯熄灭，以表示串行通信失败
   }
   RI=0;                                     //清 RI 标志
}
```

（2）乙机程序设计

乙机利用串行口中断接收数据，串行口中断服务程序主要代码如下。

```
void myserial() interrupt 4 using 0{         //串行口中断服务程序
   if(RI){                                   //缓冲器中有数据到来
      rec[i]=SBUF;                           //将接收到的数据存放到一数组中
      i++;                                   //数组元素下标加 1
      RI=0;                                  //清 RI 标志
      if(i>=6){                              //数组下标超过 6
         i=0;                                //将下标清 0
         lable=1;                            //一旦 6 个字符全部收到，置 label 为 1，表示可以发送握手
                                             //信号给甲机
      }
   }
}
```

乙机将接收到的 6 位动态密码，通过 6 个数码管轮流显示，利用视觉暂留效应，只要轮流显示足够快，人的眼睛会认为 6 个数码管是同时显示的。轮流显示方法为，首先第 1 个位选端置 1，第 1 个数码管显示动态密码的第 1 个数字，然后第 2 个位选端置 1，第 2 个数码管显示动态密码的第 2 个数字，依次类推，直到显示第 6 个数字。上述显示过程在主程序中循环进行。显示部分主要代码如下。

```
void display(){                              //数码管轮流显示
   s=0x01;                                   // s=0000 0001B
   P2=~s;                                     //P2.0 为 0，则通过反相器后第一个位选端为高电平
   for(j=0;j<6;j++){                          //循环 6 次
      P1=table[rec[j]];                       //将接收到的数字对应 table 数组中段码赋给 P1 端口
      delay_nms(10);                          //延时
      s=s<<1;                                 //左移一位
```

```
        P2=~s;                          //轮流置位选端为高电平
    }
}
```

乙机主程序主要完成初始化设置，并循环显示接收到的数据，一旦 6 位动态密码全部接收完毕，则通过查询方式向甲机发送握手信号 0xAA。主要代码如下。

```
void main(){
    TMOD=0x20;                      //定时器 1 工作方式 2
    TH1=0xFD;                       //设置波特率为 9600 bit/s
    TL1=0xFD;
    PCON=0x00;                      //波特率不加倍
    SCON=0x40;                      //串行口通信方式 1
    TR1=1;                          //启动 T1，产生波特率
    EA=1;                           //允许 CPU 中断
    ES=1;                           //允许串行口中断
    REN=1;                          //允许接收数据
    lable=0;                        //6 个数据接收完毕标志位，0 为未接收完毕
    i=0;                            //接收数据数组下标从 0 开始
    delay_nms(100);
    while(1){
        display();                  //显示接收到的数据
        if(lable){                  //6 个字符全部接收完毕
            SBUF=0xAA;              //发送握手信号 0xAA 给甲机
            while(!TI);             //查询 TI 是否为 1
            TI=0;                   //清 TI
            lable=0;                //清数据接收完毕标志位
        }
    }
}
```

（3）整个程序代码
甲机程序代码如下。

```
//send.c
#include <reg51.h>
unsigned char a[6]={9,5,0,7,0,6};       //动态密码预先存放在数组中
unsigned char i;
sbit gled=P1^0;                         //位定义绿灯连接在 P10 端口
sbit rled=P1^1;                         //位定义红灯连接在 P11 端口

unsigned char receivedata;              //接收数据的变量
unsigned int m,n;

//延时函数
void delay_nms(unsigned int n)          //大约 1 ms 的基准延时
{
```

```c
        unsigned char j;
        while(n--)
        {
                for(j=0;j<120;j++);
        }
    }


/************************************************
串行口中断服务程序
*************************************************/
    void myreceive() interrupt 4 using 0{
        if(RI){                         //缓冲器中有数据
            receivedata=SBUF;           //取出缓冲器中的数据,存放到 receivedata 变量中
            if(receivedata==0xAA){      //判断接收到的数据是否为双方约定的握手信号
                gled=0;                 //如果是握手信号，则点亮绿色 led 灯，表示串行通信成功
                rled=1;                 //红色 led 灯熄灭
            }
            else gled=1;                //否则，绿色 led 灯熄灭，以表示串行通信失败
        }
        RI=0;                           //清 RI 标志
    }
    void main(){
        TMOD=0x20;                      //定时 1 工作方式 2
        TH1=0xFD;                       //波特率为 9600 bit/s
        TL1=0xFD;
        PCON=0x00;                      //波特率不加倍
        SCON=0x40;                      //串行口工作方式 1，10 位 UART
        TR1=1;                          //启动 T1，产生波特率
        EA=1;                           //运行 CPU 中断
        ES=1;                           //运行串行口中断
        REN=1;                          //运行接收数据
        i=0;                            //发送数组下标从 0 开始
        gled=1;                         //绿色 led 灯熄灭
        rled=1;                         //红色 led 灯熄灭
        for(i=0;i<6;i++){               //循环 6 次将动态密码发送出去
            SBUF=a[i];                  //发送第 i 个字符
            while(!TI){;}               //查询 TI 是否为 1
            TI=0;
            rled=0;                     //点亮发送数据指示灯
            delay_nms(100);             //延时
        }
        rled=1;                         //熄灭红色 led 灯
        while(1);
    }
```

乙机程序代码如下。

//receive.c

```c
#include <reg51.h>
unsigned char s,j,i;
unsigned char rec[6];
//共阳极数码管数字段码值
unsigned char table[]={0xC0,0xF9,0xA4,0xB0,0x99,0x92,0x82,0xF8,0x80,0x90};
unsigned int m,n;
bit lable;                          //标记位，=1 时表示 6 个数据全部收到，反之亦然
//延时函数
void delay_nms(unsigned int n)      //大约 1 ms 的基准延时
{
      unsigned char j;
      while(n--)
      {
            for(j=0;j<120;j++);
      }
}
void myserial() interrupt 4 using 0{    //串行口中断服务程序
  if(RI){                               //缓冲器中有数据到来
    rec[i]=SBUF;                        //将接收到的数据存放到一数组中
    i++;                               //数组元素下标加 1
    RI=0;                              //清 RI 标志
    if(i>=6){                          //数组下标超过 6
    i=0;                               //将下标清 0
    lable=1;                           //一旦 6 个字符全部收到，置标志 label 为 1，表示可以发送
                                       //握手信号给甲机

      }
   }
}
void display(){                        //数码管轮流显示
   s=0x01;
   P2=~s;                              //P20 为 0，则通过反相器后第一个位选端为高电平
   for(j=0;j<6;j++){                   //循环 6 次
     P1=table[rec[j]];                 //将接收到的数字对应 table 数组中段码
     delay_nms(10);                    //延时
     s=s<<1;                           //左移一位
     P2=~s;                            //轮流置位选端为高电平
   }
}
void main(){
   TMOD=0x20;                          //定时器 1 工作方式 2
   TH1=0xFD;                           //设置波特率为 9600 bit/s
   TL1=0xFD;
   PCON=0x00;                          //波特率不加倍
   SCON=0x40;                          //串行口通信方式 1
   TR1=1;                              //启动 T1，产生波特率
   EA=1;                               //允许 CPU 中断
```

```
        ES=1;                          //允许串行口中断
        REN=1;                         //允许接收数据
        lable=0;                       //6 个数据接收完毕标志位，0 为未接收完毕
        i=0;                           //接收数据数组下标从 0 开始
    delay_nms(100);
    while(1){
        display();                     //显示接收到的数据
        if(lable){                     //6 个字符全部接收完毕
            SBUF=0xAA;                 //发送握手信号 0xAA 给甲机
            while(!TI);                //查询 TI 是否为 1
            TI=0;                      //清 TI
            lable=0;                   //清数据接收完毕标志位
        }
    }
}
```

5．程序调试与仿真

把银行动态密码获取系统的甲机和乙机程序在 Proteus 仿真软件中进行调试与仿真运行。

7.3.2 实例——单片机与 PC 之间的串行口通信

1．任务要求

本任务要求完成的工作是实现 PC 和单片机通过串行口进行通信，通过 PC 控制单片机 LED 灯的亮灭。通过 PC 端的串口调试助手，发送字符"1"控制 LED 灯点亮，发送字符"0"控制 LED 灯熄灭。

2．任务分析

根据本任务要求，敲击连接在计算机上键盘的数字按键，该按键的 ASCII 码输入计算机中，计算机通过串行口将相应按键的 ASCII 码的信息发送给单片机。单片机将收到的数据解析成相应的字符，根据 PC 和单片机双方的约定，由不同的字符控制 LED 灯的运行状态。由于 51 单片机输入、输出的逻辑电平为 TTL 电平；而 PC 配置的 RS-232 标准接口逻辑电平为负逻辑。逻辑 0 为+5～+15 V，而逻辑 1 为-5～-15 V，所以在单片机和 PC 之间的通信需要增加电平转换电路，常用的电平转换芯片有 MAX232 等。需要特别说明的是，用 Proteus 中的 COMPIM 元件模拟标准 RS-232 端口，已考虑电平转换问题，因此在 Proteus 下仿真单片机与 PC 通信时，并不需要 MAX232 电平转换芯片，但在实际设计单片机与 PC 通信的原理图时，需采用 MAX232 等电平转换芯片。

3．硬件设计

本任务的 Proteus 仿真硬件电路如图 7-11 所示。用 Proteus 中的 COMPIM 元件模拟标准的 RS-232 端口，可直接使用计算机的物理串口通信，即 COMPIM 可通过计算机的物理串口进行通信。另外，COMPIM 也可以使用计算机中的虚拟串口通信。这样，可在实现 Proteus 仿真时，利用 COMPIM 通过计算机的串口与计算机或外界的其他设备进行通信，例如，计算机串口上接一个单片机，这样 Proteus 就可以和单片机进行通信了。注意 Proteus 中单片机的 P3.0 引脚（RXD）与 COMPIM 的 RXD 相连、P3.1 引脚（TXD）与 COMPIM 的 TXD 相连。

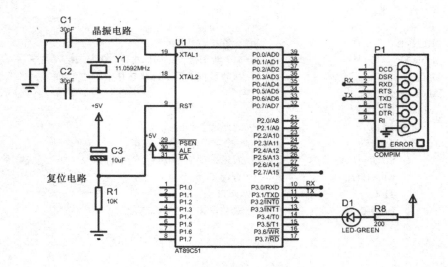

图 7-11　通过 PC 控制 LED 灯原理图

目前，大多数 PC 上都没有 DB9 接口的串行接口，实际进行串口通信时，可利用 USB 转串口专用接口实现串行口的功能。本任务通过虚拟串口驱动软件（Virtual Serial Port Driver）在计算机上虚拟出一对串口，如图 7-12 所示，已在 PC 虚拟出一对串口 COM1 和 COM2。

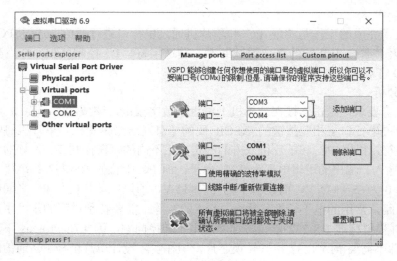

图 7-12　虚拟串口驱动软件

4. 程序设计

主程序中调用 UART.c 源程序中的 uart_init 函数完成串行通信初始化，uart_init 函数用于确定定时器 T1 的工作方式，TH1、TL1 的初值，设置 T1 用作波特率发生器，允许 CPU 中断，允许串行口中断等。在主程序中利用串口接收的数据控制 LED 灯，调用 uartRead 函数将串口接收的数据存储在 Buf 数组中，若 Buf[0]的内容是字符"1"，则点亮 LED 灯；若 Buf[0]的内容是字符"0"，则熄灭 LED 灯；若 Buf[0]的内容是字符"2"，则使 LED 灯闪烁。主程序调用 uartWrite 函数向 PC 发送 LED 灯的状态信息。代码如下。

```
//CommUnit.c
#include <reg51.h>
#include "MainUnit.h"
#include "User.h"
#include "LED.h"
#include "UART.h"
uchar Buf[16]={0},len;
//*******************主函数*************************
//************************************************
void main()
{
        uart_init(); //调用串口初始化
        while(1)
          {
                len=uartRead(Buf, 1);
                if(len>=1)
                    {
                    if(Buf[0]=='1')
                    {
                        led_on();
                        uartWrite("LED 灯已点亮!\n");
                    }
                    if(Buf[0]=='0')
                    {
                        led_off();
                        uartWrite("LED 灯已熄灭!\n");
                    }
                    if(Buf[0]=='2')
                    {
                        uartWrite("LED 灯闪烁!\n");
                        flashled();
                    }
                    }
          }
}
```

　　串口相关程序在 UART.c 源程序中实现，可供其他 C 语言程序调用的函数为串口初始化函数 uart_init、读串口函数 uartRead 及串口发送函数 uartWrite。串行中断处理函数 uartIntSrv 主要负责接收 PC 发来的数据，并将数据存储在 rxdBuf 数组中。代码如下。

```
//UART.c
#include <reg51.h>
#include "MainUnit.h"

bit txdFlag = 0;
uchar rxdCnt = 0;
uchar rxdBuf[16];
```

```c
void uart_init(void)
{
        TMOD = 0x20;      //定时器 1 工作模式 2，自动重装 8 位计数器
        TH1 = 0xFD;
        TL1 = 0xFD;       //定时器溢出时，会自动将高 8 位中的值赋值给低 8 位。比特率为 9600 bit/s

        TR1 = 1;          //启动 T1
        SCON=0x40;        //定义串行口工作于方式 1
        REN = 1;          //允许接收
        EA = 1;           //开放总中断
        ES = 1;           //串口中断允许
}


void uartWrite(uchar * buf)
{
  ES=0;
  while(*buf!=0)
      {
            SBUF=*buf;
            while(TI==0);
            TI=0;
            buf++;
      }
  ES=1;
}


uchar uartRead(uchar * buf, uchar len)
{
      uchar i;
      if (len > rxdCnt)
            len = rxdCnt;
      for (i = 0; i < len; i++)
      {
            buf[i] = rxdBuf[i];
      }
      rxdCnt = 0;
      return len;
}


void uartIntSrv(void) interrupt 4
{
      if (RI)
        {
            RI = 0;
            if (rxdCnt < sizeof (rxdBuf))
              {
                    rxdBuf[rxdCnt++] = SBUF;
              }
```

```
            }
        if (TI)
            {
                TI = 0;
                txdFlag = 1;
            }
}
//User.c
#include "MainUnit.h"
//延时函数
void delay_nms(unsigned int n)        //大约 1 ms 的基准延时
{
        unsigned char j;
        while(n--)
        {
                for(j=0;j<120;j++);
        }
}
//User.h
#ifndef __USER_H__
#define __USER_H__

void delay_nms(unsigned int n);

#endif

//LED.c
#include <reg51.h>
#include "User.h"
#include "MainUnit.h"
sbit LED=P3^4;
//点亮 LED 灯
void led_on(void)
{
        LED=0;                        //低电平有效
}

//熄灭 LED 灯
void led_off(void)
{
        LED=1;
}


//LED 灯闪烁
void flashled(void)
{
```

```
                  uchar i;
                  for(i=0;i<8;i++)
                    {
                                LED=0;
                                delay_nms(500);
                                LED=1;
                                delay_nms(500);
                    }
}
//LED.h
#ifndef __LED_H__
#define __LED_H__

void led_on(void);
void led_off(void);
void flashled(void);

#endif
```

5. 程序调试并运行

在进行 PC 与单片机的串口通信软件调试时,最简单的办法是在 PC 上安装串口调试助手之类的软件,只要设定好波特率等参数就可以直接使用。调试成功后再在 PC 上运行自己编写的通信程序。本书采用 iCOM 串口调试助手,串口通信测试步骤如下。

1)在 PC 上运行 iCOM 串口调试助手,设置 COM 口、波特率参数如图 7-13 所示,串口调试助手连接 COM1。

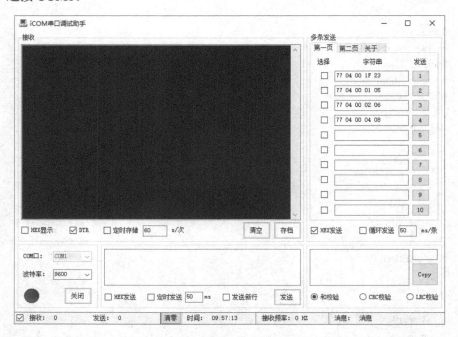

图 7-13　iCOM 串口调试助手参数设置

2）Proteus 下的单片机通过虚拟串口实现与 PC 串口通信，双击原理图中的 COMPIM，进行通信参数设置，COMPIM 连接 COM2，波特率为 9600 bit/s，如图 7-14 所示。单片机加载用于串口通信的 hex 文件，运行仿真。

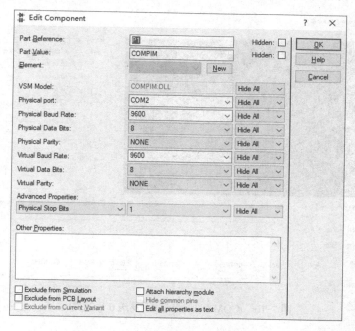

图 7-14　COMPIM 设置

3）在"iCOM 串口调试助手"主界面中，用 PC 键盘在下部的发送窗口输入"1"，单击"发送"按钮，可以看到 Proteus 仿真中的 LED 灯亮起，iCOM 串口调试助手接收区域收到来自单片机的"LED 灯已点亮!"的信息，如图 7-15 所示。

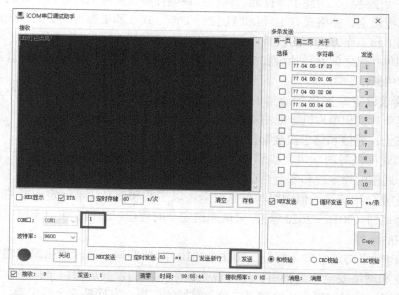

图 7-15　iCOM 串口调试助手发送 1 后的界面

4）在"iCOM 串口调试助手"主界面中，用 PC 键盘在下部的发送窗口输入"0"，单击"发送"按钮，可以看到 Proteus 仿真中的 LED 灯熄灭，iCOM 串口调试助手接收区域收到来自单片机的"LED 灯已熄灭!"的信息，如图 7-16 所示。

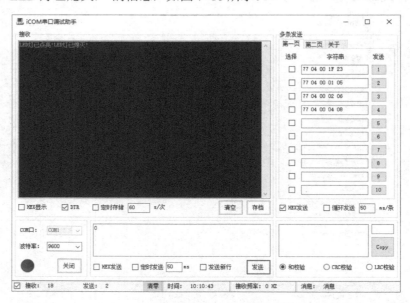

图 7-16　iCOM 串口调试助手发送 0 后的界面

7.4　小结

计算机之间或者计算机和外部设备之间的通信有并行通信和串行通信两种方式。51 系列单片机内部有一个全双工的异步串行通信接口，该串行口有 4 种工作方式，其波特率和数据帧的格式可以编程设定。帧格式有 10 位和 11 位。工作方式 0 和工作方式 2 的传送波特率是固定的，工作方式 1 和工作方式 3 的波特率是可变的，由定时器 T1 的溢出率决定。

单片机和单片机之间及单片机和 PC 之间都可以进行通信，其控制程序设计通常有两种方法：查询法和中断法。

本任务要求读者掌握串行通信的基础知识；掌握串行口的结构、工作方式及波特率设置；能够实现单片机和单片机之间的双机通信以及单片机和 PC 之间的通信。

思政小贴士：通信和信息安全都很重要

通过串口通信任务的学习，我们了解到通信双方要按照彼此约定的通信协议才可能顺利通信。另外，通信的稳定性和安全性在系统设计时也是需要重点考虑的问题。

本模块主要介绍信息通信网络与信息安全，以工业和信息化部制定印发的《信息通信网络与信息安全规划（2016—2020 年）》来谈通信安全的管理，加强学生对于国家通信信息系统安全防范意识的培养。

《信息通信网络与信息安全规划（2016—2020 年）》明确了以网络强国战略为统领，以国家总体安全观和网络安全观为指引，坚持以人民为中心的发展思想，坚持"创新、协调、绿色、开放、共享"的发展理念，坚持"安全是发展的前提，发展是安全的保障，安全和发展要同步推进"的指导思想；提出了创新引领、统筹协调、动态集约、开放合作、共治共享的基本原则。

近年来，信息安全事件"炮响"无数，警钟不断；让我们不得不认识到信息安全工作的重要性！信息技术推动了整个社会乃至人类的进步，但是创新的科技同时也是一把"双刃剑"；在推动社会进步的同时，也给犯罪分子留下了可乘之机。他们会利用信息技术的某些漏洞进行破坏活动。当然，我们会有先进信息安全管控技术来应对他们。但是，先进的安全控管技术充分发挥其积极正面的效用的前提条件是人的信息安全意识必须得以提升。

信息安全工作者与狡猾的不法分子一直进行着较量，当信息安全工作者用强有力的信息安全产品、先进的信息安全技术等构建信息安全技术体系的时候，狡猾的不法分子却在想办法寻找和窥探着信息安全管理的漏洞；当信息安全工作者开始重视信息安全管理的时候，不法分子却开始利用员工薄弱的信息安全意识搞破坏；因此，个人信息安全意识薄弱是最致命的！

近年来，个人信息"唾手可得"，信息安全面临的威胁无处不在。那么，这一切究竟是什么原因造成的呢？所有的一切都是因为"黑客"吗？不！无数信息安全事件用"血淋淋"的教训告诉我们，个人信息安全意识薄弱是最根本的原因。比如："将口令写在便签上，贴在计算机监视器旁；开着计算机离开，不锁屏，就像离开家却忘记关门那样；轻易相信来自陌生人的邮件，好奇打开邮件附件；使用容易猜测的弱口令，或者就不设口令；丢失自己的笔记本计算机；会后不擦黑板，会议资料随意放置在会场；只关注外来的威胁，忽视企业内部人员的问题……"针对这种现状，国际公认的更为有效和经济的方式是提升个人的信息安全意识和增强安全防范技能。让个人充分认识到每个人都肩扛着信息安全的责任，深刻体会到"信息安全，人人有责"！

7.5 问题与思考

1. 选择题

（1）51 单片机的串行口是_____。

    A. 单工   B. 全双工   C. 半双工   D. 并行口

（2）表示串行数据传输速率的指标为_____。

    A. USART   B. UART   C. 字符帧   D. 波特率

（3）单片机和 PC 接口时，往往要采用 RS-232 接口芯片，其主要作用是_____。

    A. 提高传输距离   B. 提高传输速率

    C. 进行电平转换   D. 提高驱动能力

（4）串行口工作在方式 0 时，串行数据从_____输入或输出。

    A. RI   B. TXD   C. RXD   D. REN

（5）串行口的控制寄存器为_____。

    A. SMOD   B. SCON   C. SBUF   D. PCON

（6）当采用中断方式进行串行数据的发送时，发送完一帧数据后，TI 标志要_____。

    A. 自动清零   B. 硬件清零   C. 软件清零   D. 软、硬件均可

（7）当采用定时器 T1 作为串行口波特率发生器使用时，通常定时器工作在方式_____。

    A. 0   B. 1   C. 2   D. 3

（8）当设置串行口工作为方式 2 时，采用_____语句。

    A．SCON=0x80；   B．PCON=0x80；

    C．SCON=0x10；   D．PCON=0x10；

（9）串行口工作在方式 0 时，其波特率_____。

    A．取决于定时器 T1 的溢出率   B．取决于 PCON 中的 SMOD 位

    C．取决于时钟频率   D．取决于 PCON 中的 SMOD 位和定时器 T1 溢出率

（10）串行口工作在方式 1 时，其波特率_____。

    A．取决于定时器 T1 的溢出率   B．取决于 PCON 中的 SMOD 位

    C．取决于时钟频率   D．取决于 PCON 中的 SMOD 位和定时器 T1 溢出率

2．问答题

（1）什么是串行异步通信？有哪几种帧格式？

（2）定时器 T1 做串行口波特率发生器时，为什么采用工作方式 2？

3．上机操作题

（1）利用串行口设计 4 位静态 LED 显示，画出电路图并编写程序，要求 4 位 LED 每隔 1 s 交替显示"1234"和"5678"。

（2）编程实现甲、乙两个单片机进行点对点通信，甲机每隔 1 s 发送一次"A"字符，乙机接收到以后，在 LCD 上能够显示出来。

任务 8 单片机与外部器件应用

8.1 学习目标

8.1.1 任务说明

本任务以智能车为例，学习单片机如何与外部器件进行数据交换以及如何控制外部器件。首先介绍智能车的系统组成、红外循迹和避障传感器以及它们与控制器的接口、PWM 控制直流电机的原理以及执行器接口电路，然后通过红外传感器和执行器的实例，学习并掌握它们的编程方法。

8.1.2 知识和能力要求

知识要求：

● 理解智能车的系统组成；
● 理解红外传感器的工作原理；
● 掌握单片机对红外传感器的接口及编程；
● 理解 PWM 控制直流电机的工作原理；
● 掌握单片机与直流电机的接口及编程。

能力要求：

● 能使用 Proteus 设计红外传感器与单片机的接口电路；
● 能使用 Keil C 软件编写程序控制红外传感器；
● 能使用 Proteus 设计直流电机与单片机的接口电路；
● 能使用 Keil C 软件编写程序控制直流电机。

8.2 任务准备

8.2.1 智能车系统组成

一个功能比较齐全的低成本智能车平台是智能车学习和研究的首选。相比技术门槛高、资金投入大、机械结构复杂的仿生型、人型机器人，轮式智能车技术门槛低，资金投入少，市场上各种产品和零配件的支持也比较多，虽然其结构简单，但可以用来实现的功能并不少。因此本书选择轮式智能车作为单片机和智能车工程应用主要的机械电子平台。

轮式智能车选择湖南智宇科教设备有限公司所设计的电动小车。该车体具备成本低、循迹和避障功能齐全、技术资料丰富、电机平面运行相对稳定的特点。轮式智能车体资源主要使用电动小车的单片机控制、红外传感与电机执行部分，以专注于智能车的移动与行走。

智能车系统组成如图 8-1 所示。

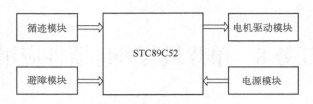

图 8-1　智能车系统组成

智能车使用的资源主要分为 4 个模块。

1）智能车车体控制器：STC89C52RC 单片机。

2）智能车车体传感器：由 4 对红外线发送管和接收管组成的左、右红外循迹传感器与左、右红外避障传感器。

3）智能车车体执行器：L298N 电机驱动芯片与左、右两个直流电机。

4）智能车车体显示器：1 位共阳极 LED 数码管。

智能车系统整体实物图如图 8-2 所示。其中 STC89 单片机与 4 个红外传感器引脚以及电机驱动芯片 L298N 引脚之间需要用导线连接。在该小车中，还有超声波模块和蓝牙模块，超声波模块可以实现避障，蓝牙模块实现通信，本书不做详细介绍。

图 8-2　智能车系统整体实物图

智能车控制器 STC89C52RC 单片机实现对红外传感器信号的采集与直流电机执行器的控制，其主要功能在于实时检测环境信号，完成智能车的移动。

智能车单片机与外围部件的引脚连接如图 8-3 所示。使用 P3.3 和 P3.4 引脚连接左右红外循迹传感器，使用 P3.5 和 P3.6 连接左右红外避障传感器，使用 P1.2～P.7 连接 L298N 电机驱动芯片，进而控制电机的转动。使用 P0.1～P0.7 连接 LED 数码管，P3.7 连接按键。

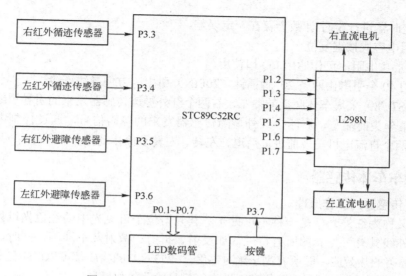

图 8-3 智能车单片机与外围部件的引脚连接

智能车控制器 STC89C52RC 单片机部分的电路如图 8-4 所示。

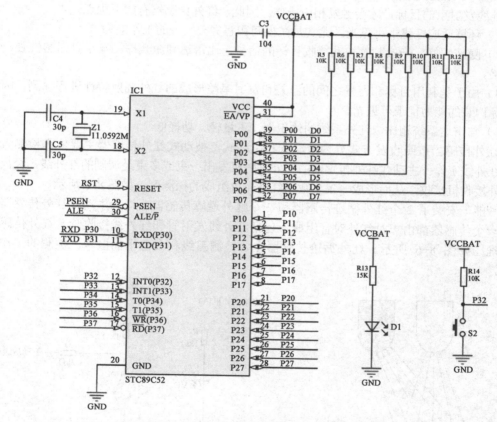

图 8-4 智能车控制器 STC89C52RC 单片机部分的电路

晶体振荡时钟频率为 11.0592 MHz，采用此时钟频率可以得到精确的串行口数据收发波特率，但启动定时器进行定时/计数会存在一定误差。

采用电阻电容式按键复位。

P0 口接上拉电阻，可作通用 I/O 口使用。

单片机的 40 个引脚由两条 20 脚插针（20PIN）引出，方便导线连接。

控制器 STC89 采集车体底盘前端左、右两个红外循迹传感器发来的引导黑线和白色平面的信号，采集车头前端左、右两个红外避障传感器发来的障碍信号，通过控制电机驱动芯片 L298N 驱动两个直流电机实现前进、后退、左转、右转及停止动作。

8.2.2 智能车车体传感器

1. 红外传感器的工作原理

红外线又称为红外光，是一种不可见光，其光谱位于可见光中的红色光以外，所以称为红外线。红外线具有可见光的所有特性，如反射、折射、散射及干涉等。同时，红外线还具有一种非常显著的热效应，即所有高于绝对零度（-273℃）的物质都可以产生红外线。红外传感器即将红外线作为介质，利用其物理特性进行信号检测的传感器。

红外线属于环境因素不相干性良好的探测介质，对于环境中的声响、雷电、振动、各类人工光源及电磁干扰源，具有良好的不相干性；同时，红外线目标因素相干性良好，只有阻断红外线发射束的目标，才会触发相应操作。因此，红外传感器有如下优点。

1）环境适应性优于可见光，尤其是在夜间和恶劣天气下的工作能力。

2）隐蔽性好，一般都是被动接收目标的信号，比雷达和激光探测安全且保密性强，不易被干扰。

3）由于是利用目标和背景之间的温差和发射率差形成的红外辐射特性进行探测，因而识别目标伪装的能力优于可见光。

4）与雷达系统相比，红外系统的体积小、重量轻、功耗低。

红外传感器按照收发方式分为被动式和主动式。被动式红外传感器主要依靠检测人体发出的红外线工作。主动式红外传感器的红外发射机发出一束或多束经调制的红外线，经反射后被红外接收机接收，从而形成一条至数条红外光束组成的探测区，如图 8-5 所示。

智能车安装了 2 个红外循迹传感器和 2 个红外避障传感器，均为主动式红外传感器。其中每一个传感器都由一对红外对管组成，包括红外线发射管和红外线接收管。红外传感器内部原理图如图 8-6 所示。红外循迹传感器主要检测黑线和白色平面区域。检测的工作原理如下。

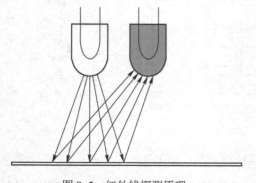

图 8-5　红外线探测原理

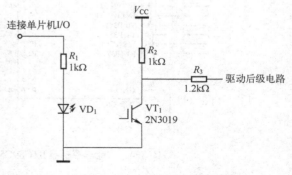

图 8-6　红外传感器内部原理图

190

1）白色平面对红外线的反射率大。当红外循迹传感器检测白色平面时，红外线发射管发射的红外线大部分被白色平面反射回来被接收管接收，接收管导通，输出模拟电压经比较器转化为低电平，即红外循迹传感器检测到白色，输出 0。

2）黑线对红外线的反射率小。当红外循迹传感器检测黑线时，红外线发射管发射的红外线大部分被黑线吸收，接收管接收不到反射的红外线因此不导通，输出模拟电压经比较器转化为高电平，即红外循迹传感器检测到黑色，输出 1。

红外避障传感器主要检测有障碍和无障碍。检测的工作原理如下。

1）障碍对红外线的反射率大。当红外避障传感器检测障碍时，红外发射管发射的红外线大部分被障碍反射回来被接收管接收，接收管导通，输出模拟电压经比较器转化为低电平，即红外避障传感器检测到障碍，输出 0。

2）无障碍对红外线的反射率小。当红外避障传感器检测无障碍时，红外发射管发射的红外线大部分直接发射耗散而无法反射，接收管接收不到反射的红外线因此不导通，输出模拟电压经比较器转化为高电平，即红外避障传感器检测不到障碍，输出 1。

2. 智能车传感器接口电路

左、右两个红外循迹传感器安装在智能车底盘前端，红外传感器的红外线发送管和红外线接收管均朝下对着地面，以实现对黑线和白色平面区域的检测。左、右两个避障传感器安装在车体两侧，发射和接收管对着前面，以检测前方有没有障碍物。如图 8-7 所示。

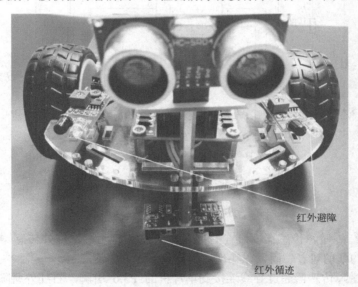

图 8-7　智能车红外传感器安装示意图

智能车红外传感器信号检测接口电路如图 8-8 所示，循迹传感器与避障传感器的基本原理是一致的。

智能车左红外循迹传感器通过导线连接到单片机的 P3.4 引脚，右红外循迹传感器通过导线连接到单片机的 P3.3 引脚。

当红外循迹传感器检测到黑线时，输出高电平给其连接的单片机引脚；反之，输出低电平给其连接的单片机引脚。

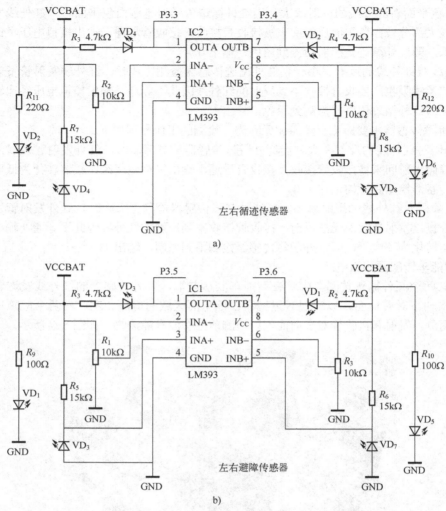

图 8-8　智能车红外传感器信号检测接口电路

a) 红外循迹　b) 红外避障

左、右两个红外避障传感器安装在智能车车头左、右两端，红外传感器的红外线发送管和红外线接收管均朝前对着障碍，以实现对障碍物有无的检测。

智能左红外避障传感器通过导线连接到单片机的 **P3.6** 引脚，右红外避障传感器通过导线连接到单片机的 **P3.5** 引脚。

当红外避障传感器检测到障碍时，输出低电平给其连接的单片机引脚；反之，输出高电平给其连接的单片机引脚。

8.2.3　智能车车体执行器

1. PWM 控制直流电机的工作原理

脉宽调制（Pulse Width Modulation，PWM）是一种利用单片机的数字输出对模拟电路进行控制的技术，广泛应用在测量、通信、功率控制与变换等许多领域中。PWM 通过高分辨率计数器的使用，将方波的占空比调制用来对一个具体模拟信号的电平进行编码。PWM 信号仍然是数字的，因为在给定的任何时刻，满幅值的直流供电要么完全有（ON），要么完全无（OFF）。通的时候即直流供电被加到负载上，断的时候即供电被断开。

PWM 的原理简单说就是通过一系列脉冲的宽度进行调制，可以等效地获得所需要的波形。这个"等效"的原理是基于采样定理的一个结论：冲量（窄脉冲面积）相等而形状不同的窄脉冲加在具有惯性的环节上时，其效果基本相同（仅高频部分略有差异）。基于这个等效原理，可以用不同宽度的矩形波代替正弦波，通过控制矩形波模拟不同频率的正弦波。

如图 8-9 所示，把正弦波 n 等分，看成 n 个相连的脉冲序列，其宽度相等，但幅值不等；用矩形波代替则是幅度相等，宽度不等（按正弦规律变化），中点重合，冲量相等。当然，PWM 也可以等效成其他非正弦波形，基本原理都是面积等效。

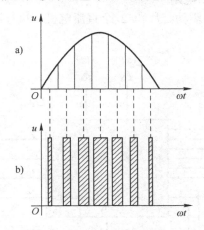

图 8-9　PWM 波模拟正弦波

电机分为交流电机和直流电机两大类。直流电机以其良好的线性特性、优异的控制性能、较强的过载能力成为大多数变速运动控制和闭环位置伺服控制系统的最佳选择。传统的直流电机调速方法很多，如调压调速、弱磁调速等，它们存在着调速响应慢、精度差、调速装置复杂等缺点。随着全控式电力电子器件技术的发展，以大功率晶体管作为开关器件的直流PWM 调速系统已成为直流电机调速系统的主要发展方向。

在 PWM 调速系统中，一般可以采用定宽调频、调宽调频和定频调宽 3 种方法改变控制脉冲的占空比，但是前两种方法在调速时改变了控制脉宽的周期，从而引起控制脉冲频率的改变，当该频率与系统的固有频率接近时，将会引起振荡。为了避免这个问题，常用定频调宽改变占空比的方法调节直流电机电枢两端的电压。

定频调宽法的基本原理是按一个固定频率接通和断开电源，并根据需要改变一个周期内接通和断开的时间比（占空比）来改变直流电机电枢上电压的占空比，从而改变平均电压，控制电机的转速。在 PWM 调速系统中，当电机通电时其速度增加，电机断电时其速度降低。只要按照一定的规律改变通、断电的时间，即可控制电机转速。而且采用 PWM 技术构成的无级调速系统，起停时对直流系统无冲击，并且具有起动功耗小、运行稳定的优点。

假设电机始终接通电源时，电机转速最大为 V_{max}，电机的平均速度为 V_a。如图 8-10 所示是 PWM 波形示意，设占空比 $D=t_1/T$，式中，t_1 表示一个周期内开关管导通的时间，T 表示一个周期的时间，则电机的平均速度为 $V_a=V_{max}D$。

可见，当改变占空比 $D=t_1/T$ 时，可以得到不同的电机平均速度 V_a，从而达到调速的目的。严格来说，平均速度 V_a 与占空比 D 并非严格的线性关系，但是在一般的应用中，可以将其近似看成线性关系。

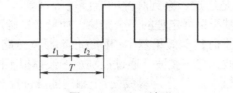

图 8-10　PWM 波形

2. 智能车车体执行器接口电路

智能车车体的执行器包括驱动芯片和 2 个直流电机。执行器驱动直流电机的接口电路如图 8-11 所示。

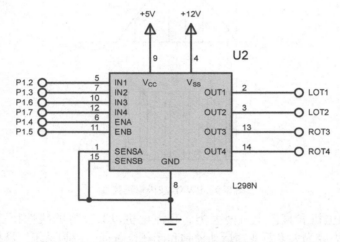

图 8-11　智能车车体执行器驱动直流电机的接口电路

直流电机的驱动芯片为 L298N。可通过 LOT1、LOT2 引脚和 ROT3、ROT4 引脚驱动左、右两个直流电机带动车轮执行前进、后退、左转、右转及停止等操作。

控制左直流电机转动方向的 IN1、IN2 引脚通过导线连接到单片机的 P1.2、P1.3 引脚。控制左直流电机转动速度的 ENA 引脚通过导线连接到单片机的 P1.4 引脚。

控制右直流电机转动方向的 IN3、IN4 引脚通过导线连接到单片机的 P1.6、P1.7 引脚。控制右直流电机转动速度的 ENB 引脚通过导线连接到单片机的 P1.5 引脚。

单片机通过定时器 T0 方式 1 输出 PWM 方波到 P1.4 与 P1.5 引脚调节车轮的转速。

8.3　任务实施

8.3.1　实例——智能车传感器编程

1. 任务要求

在智能车系统中编程，使智能车左红外或右红外循迹传感器检测到地面黑线时，蜂鸣器报警。

2. 任务分析

当红外传感器前面有黑线时，与单片机连接的引脚会输出高电平，这样单片机通过检测相应的 I/O 脚，就知道前面是否有黑线。

本实例使用 P2.3 口控制蜂鸣器，高电平时蜂鸣器报警，低电平则不响。

3. 硬件设计

硬件电路原理图参考前面的循迹模块电路图 8-8a，通过 P3.3 和 P3.4 分别连接左、右红外循迹传感器。

4. 软件设计

参考程序如下。

```
//8-1.c
#include <reg51.h>
sbit Left_IRSenor_Track=P3^4;              //左红外循迹传感器
sbit Right_IRSenor_Track=P3^3;             //右红外循迹传感器
sbit BUZZ=P2^3;                            //蜂鸣器
void delay_nms(unsigned int i)
{
    unsigned char j;
    while(i--)
      for (j=0;j<120;j++);                  //延时约 1ms
}
void main()
{
    while(1)
    {
                                            //左、右红外检测到黑线就启动蜂鸣器
        if(Left_IRSenor_Track==1||Right_IRSenor_Track==1)
        {
            BUZZ=0;
            delay_nms(500);
            BUZZ=1;
        }
    }
}
```

8.3.2 实例——智能车车体执行器编程

1. 任务要求

智能车组装完毕后，在智能车系统中对单片机进行编程，控制智能车按照前进、后退、左转、右转和停车 5 种状态循环运行。这个实例不涉及小车的寻迹，只是控制小车不断进行 5 种运行状态的切换。

2. 任务分析

智能车有两个电机，一个电机由 3 个引脚控制，分别控制前进、倒退和运行速度。当小车前进时，控制两个电机做前进的动作；当小车后退时，控制两个电机做后退的动作；当小车左转时，左边的电机停止，右边的电机前进；当小车右转时，左边的电机前进，右边的电机停止；当小车停车时，控制两个电机都停止转动。

3. 硬件设计

硬件电路原理图参考图 8-11，使单片机的 I/O 口与直流电机控制芯片 L298N 的对应引脚相连。P1.2 连到直流电机控制芯片的 IN1 脚，P1.3 连到控制芯片的 IN2 脚，P1.6 连到控制芯片的 IN3 脚，P1.7 连到控制芯片的 IN4 脚，P1.4 连到控制芯片的 EN1 脚，P1.5 连到控制芯片的 EN2 脚。IN2、IN3 高电平时分别控制左、右电机直行，IN1、IN4 高电平时分别控制左、右电机后退。EN1、EN2 高电平时全速运行。要注意的是，IN1、IN2 不同时为高电平，IN3、IN4 也不同时为高电平。

4. 软件设计

参考程序如下。

```c
//8-2.c
#include<reg51.h>
//定义智能车驱动模块输入 I/O
sbit IN1 = P1^2; //高电平后退，电机顺时针转
sbit IN2 = P1^3; //高电平前进，电机逆时针转
sbit IN3 = P1^6; //高电平前进，电机逆时针转
sbit IN4 = P1^7; //高电平后退，电机顺时针转
sbit EN1 = P1^4; //使能，高电平全速运行
sbit EN2 = P1^5; //使能，高电平全速运行
void void delay_nms(unsigned int i)
{   unsigned char j;
    while(i--)
        for (j=0;j<120;j++);        //延时约 1 ms
}
void main()
{   while(1)                        //小车前、后、左、右停循环行驶
        {   //小车前行
            IN1=0;IN2=1;
            IN3=1;IN4=0;
            EN1=1;EN2=1;
            delay_nms(600);
            //小车倒退
            IN1=1;IN2=0;
            IN3=0;IN4=1;
            EN1=1;EN2=1;
            delay_nms(600);
            //小车左转
            IN1=0;IN2=0;
            IN3=1;IN4=0;
            EN1=1;EN2=1;
            delay_nms(600);
            //小车右转
            IN1=0;IN2=1;
            IN3=0;IN4=0;
            EN1=1;EN2=1;
```

```
        delay_nms(600);
        //小车停车
        IN1=0;IN2=0;
        IN3=0;IN4=0;
        EN1=0;EN2=0;
        delay_nms(600);
    }
}
```

8.4　小结

本任务以智能车为例，学习如何使用单片机控制外部器件；介绍了智能车的相关知识，使用单片机和外围部件设计了一款智能车，智能车的系统组成包括单片机系统、红外传感器、电机控制器、电源以及机械平台等部件；介绍了它们的工作原理以及接口电路、控制方法。

通过两个任务的学习，读者应初步掌握单片机与红外传感器的接口设计及编程控制方法，掌握单片机与直流电机的接口设计及编程控制方法。

思政小贴士：中国机器人之父蒋新松

蒋新松，男，江苏省江阴人。中国科学院沈阳自动化研究所原所长、研究员、博士生导师，"863"自动化领域首席科学家，中共党员。1994 年 5 月当选为中国工程院首批院士。

蒋新松提出、组织并直接负责水下机器人的研究、开发及产品系列化工作。1979 年他提议的"智能机器在海洋中应用"被列入国家"六五"重大科技项目，他任该项目总设计师，制订总体方案，并负责部分航控系统的具体设计与装调，攻克一系列关键技术难题，研制出"海人一号"样机，1985 年 12 月首次试航成功，并深潜 199 m，能灵活自如地抓取海底指定物，技术达到了当时同类型产品的世界水平。

蒋新松负责组织研制工业机器人及特种机器人。20 世纪 70 年代末至 80 年代初，他主持并参加了我国第一台机器人的控制系统总体和控制算法设计，提出了基于微分分析器原理的轨迹算法的快速实现方法，该成果获中国科技进步二等奖；领导并参加了"七五"攻关工业机器人的心脏——控制器的科研任务，提出采用"两头在内，中间在外"的现代化动态联合公司方式，着手筹建工业机器人产业，已初步开拓了一批国内市场。

蒋新松创建国家机器人技术研究开发工程中心和机器人学开放实验室。1983 年经他建议，"机器人示范工程"被列为"七五"国家重大工程项目，他被聘为机器人示范工程总经理，直接领导并参加了可行性论证、总体设计与实施，仅用了两年多就建成了 11 个实验室、1 个例行实验室、1 个计算中心和 1 个样机工厂，并投入运行，为该中心先后完成科研课题 76 项，并成为我国机器人开发工程转化基地、高级人才培养基地和学术交流基地做出贡献。

此期间，他还开发了深潜 100 m 及 300 m 两种轻型水下机器人，已列装部队，并主持水下机器人"探索者一号"的研制，于 1994 年在南海试验成功，1995 年获中国科学院科技进步一等奖。与俄罗斯合作，研制深潜 6000 m 的无缆水下机器人 CR-01，他指导并参加了总体初步设计，提出了完整的动力学分析及各种情况下航行探测，1995 年 8 月完成了太平洋深海试验，取得了海底清晰照片，为建立我国水下机器人系列化产品的生产基地做出了重要贡献。

他的学生、继承者曲道奎先生创建了一家机器人公司，并以老师的名字命名——新松机器人自动化股份有限公司。该公司隶属中国科学院，总部位于中国沈阳，是一家以机器人独有技术为核心，致力于数字化智能高端装备制造的高科技上市企业。该公司奋勇争先，继承蒋新松先生的科研精神，公司的机器人产品线涵盖工业机器人、洁净（真空）机器人、移动机器人、特种机器人及智能服务机器人 5 大系列，其中工业机器人产品填补多项国内空白，创造了中国机器人产业发展史上百余项第一的突破，其特种机器人在国防重点领域也得到批量应用。

8.5　问题与思考

问答题

（1）智能车有哪几部分组成，每部分的功能是什么？

（2）如何实现智能车沿着黑色环线循迹的基本功能？

（3）简述 PWM 控制直流电机的原理。

（4）如何实现智能车避开障碍物的基本功能？

任务 9　单片机综合应用

9.1　学习目标

9.1.1　任务说明

为加强大学生实践、创新能力和团队精神的培养，促进高等教育教学改革，受教育部高等教育司委托（教高司函[2005]201 号文），由教育部高等学校自动化专业教学指导分委员会主办全国大学生智能汽车竞赛。该竞赛是以智能汽车为研究对象的创意性科技竞赛，是面向全国大学生的一种具有探索性工程实践活动，是教育部倡导的大学生科技竞赛之一。该竞赛以"立足培养，重在参与，鼓励探索，追求卓越"为指导思想，旨在促进高等学校素质教育，培养大学生的综合知识运用能力、基本工程实践能力和创新意识，激发大学生从事科学研究与探索的兴趣和潜能，倡导理论联系实际、求真务实的学风和团队协作的人文精神，为优秀人才的脱颖而出创造条件。

本任务开始尝试智能车的一些简单应用，如循迹和避障等，主要目的在于激发读者的兴趣，为后续学习和研究积累知识和实践经验。

9.1.2　知识和能力要求

知识要求：
- 掌握单片机端口的控制方法；
- 掌握单片机定时器/计数器的使用方法；
- 掌握电机的控制方法；
- 掌握综合设计单片机程序的方法。

能力要求：
- 根据项目要求分解任务并设计硬件电路；
- 熟练应用 Keil C51 进行编程、调试和运行；
- 根据任务要求设计控制电路；
- 能够熟练使用编程器下载程序到单片机中并进行调试。

9.2　任务准备

9.2.1　智能车硬件简介

1．智能车选型

本着经济适用的原则，本书选用的智能车为湖南智宇科教设备有限公司所开发的小车，如图 9-1 所示。

a)   b)

图 9-1 智能车

a) 散件 b) 成品

该智能车主要配件有 1 块小车主板、1 块 L298N 电机驱动模块、1 对橡胶轮、1 对直流减速电机、1 对红外避障模块、1 个两路红外循迹模块、1 块亚克力底板、1 捆杜邦线和 1 个五金包等。

智能车机械结构比较简单，读者可以按照旗舰店提供的安装视频方便地完成安装，安装中需要用电烙铁将电线和直流减速电机的接线处焊接在一起，其余地方都可以用杜邦线完成接口与接口的连接。智能车共有 3 个车轮，前面两个车轮通过两个直流减速电机控制，通过控制电机的速度和转向实现智能车的方向控制，后轮是一个万向轮。

2. L298N 电机驱动模块

智能车使用的电机驱动模块为 L298N，实物图如图 9-2 所示。

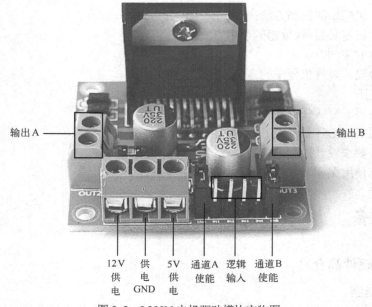

输出 A

输出 B

12 V
供电   供电
GND

5 V
供电   通道 A
使能   逻辑
输入   通道 B
使能

图 9-2 L298N 电机驱动模块实物图

需要说明的是，L298N 电机驱动模块的通道 A 使能、通道 B 使能默认是用跳线帽短接的，短接时，电机全速运行，通过控制逻辑输入，可使电机正转、反转或停止。

若需要控制电机的速度，则可拔下跳线帽，最外侧的引脚便是通道 A 使能、通道 B 使能引脚，可接单片机的 I/O 引脚，通过单片机产生的 PWM 信号实现调速，即通过单片机改变 PWM 信号的占空比实现调速。

9.2.2　红外循迹模块应用

本任务采用两路红外循迹模块，实物图如图 9-3 所示。

图 9-3　两路红外循迹模块实物图

两路红外循迹模块有以下特点。

1）灵敏度可调（图中黄色数字电位器调节）。

2）模块可以感应的遮挡距离为 0～3 cm。

3）工作电压为 3.3～5 V。

4）两路输出数字量，数字开关量输出（0 和 1）。

5）设有固定螺栓孔，方便安装。

6）小板 PCB 尺寸为 3.5 cm ×1.5 cm。

7）比较器采用 LM393 芯片，工作稳定。

两路红外循迹模块接口说明（4 线制）如下。

1）VCC 外接 3.3～5 V。

2）GND 外接 GND。

3）LO 小板左侧传感器，数字量输出接口（0 和 1）。

4）RO 小板右侧传感器，数字量输出接口（0 和 1）。

黑线对红外线的反射率小，当红外循迹模块检测到黑线时，红外线发射管发射的红外线大部分被黑线吸收，接收管接收不到反射的红外线因此不导通，输出模拟电压经比较器转化为高电平，即红外循迹传感器检测到黑色，输出 1。当红外循迹模块检测白色平面时，红外线发射管发射的红外线大部分被白色平面反射回来被接收管接收，接收管导通，输出模拟电压经比较器转化为低电平，即红外循迹模块检测到白色，输出 0。

可用黑色电工胶布粘贴在地面上以搭建智能车运行的"轨道"。循迹模块工作一般要求距离待检测的黑线距离 1～2 cm。图 9-4 为两路红外循迹传感器状态分析，如图 9-4a 所示，两路红外循迹传感器都检测到黑线，则智能车前行；若智能车左侧传感器检测到黑线，而右侧传感器未检测到黑线，则智能车左转，如图 9-4b 所示；若智能车右侧传感器检测到黑线，而左侧传感器未检测到黑线，则智能车右转，如图 9-4c 所示；若智能车两侧都未检测到黑线，则智能车停车，如图 9-4d 所示。

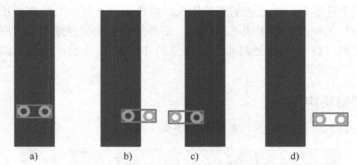

图 9-4 两路红外循迹传感器状态分析

a) 前行 b) 左转 c) 右转 d) 停车

若两路红外循迹模块循迹效果不理想，可采用 4 路红外循迹模块，4 路红外循迹模块的组合更加丰富，可以应对较复杂的循迹。如图 9-5 所示，如果中间两路循迹传感器一直在黑线上，智能车会直行；当任意一个从黑线上出来时，智能车会自动纠正。

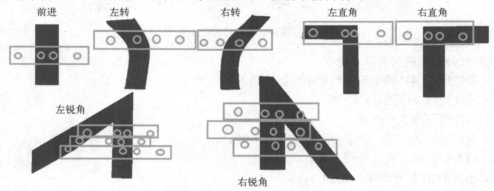

图 9-5 4 路红外循迹传感器状态分析

9.2.3 电机控制

L298N 是专用驱动集成电路，属于 H 桥集成电路，其输出电流为 2 A，最高电流为 4 A，最高工作电压为 50 V，可以驱动直流电机、步进电机、电磁阀等，特别是其输入端可以与单片机直接相连，从而可方便地受单片机控制。当驱动直流电机时，可以直接控制步进电机，并可以实现电机正转与反转，实现此功能只需改变输入端的逻辑电平。第 4 引脚 V_{SS} 接电源电压，V_{SS} 电压范围为 2.5～46 V。

应用案例一：用 L298N 驱动两台直流减速电机。引脚 ENA、ENB 可用于 PWM 控制。如果智能车项目只要求直行前进，则可将 IN1、IN2 和 IN3、IN4 两对引脚分别接高电平和低电平，仅用单片机的两个端口给出 PWM 信号控制使能端 ENA、ENB，即可实现直行、转弯及加减速等动作。

应用案例二：用 L298N 实现二相步进电机控制。将 IN1、IN2 和 IN3、IN4 两对引脚分别接入单片机的某个端口，输出连续的脉冲信号。信号频率决定了电机的转速。改变绕组脉冲信号的顺序即可实现正反转。

L298N 逻辑功能表见表 9-1。IN3、IN4 的逻辑功能与表 9-1 相同。由表 9-1 可知，ENA

为低电平时，输入电平对电机控制不起作用；当 ENA 为高电平时，输入电平为一高一低，电机正转或反转。输入电平同为低电平时电机停止，同为高电平电机刹停。

表 9-1　L298N 逻辑功能表

ENA	IN1	IN2	OUT1	OUT2	电机状态
0	X	X	X	X	停止
1	0	0	0	0	停止
1	1	0	1	0	正转
1	0	1	0	1	反转
1	1	1	1	1	刹停

前期为较少硬件开销或者没有硬件的情况下，可先用 Proteus 仿真控制两路电机的运行，之后再在智能车硬件上检验程序是否正确，这是不错的选择方式。Proteus 仿真双电机控制原理图如图 9-6 所示。

主程序流程图如图 9-7 所示。

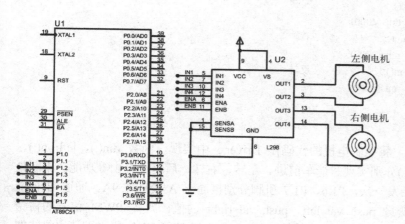

图 9-6　Proteus 仿真双电机控制原理图

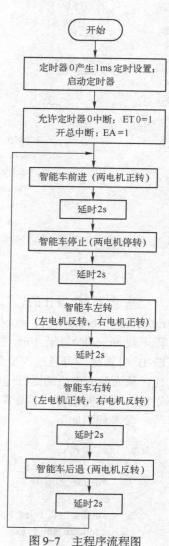

图 9-7　主程序流程图

203

参考代码如下。

```
//MainUnit.c
#include <AT89X52.h>              //包含 51 单片机头文件，内部有各种寄存器定义
#include "Driver.h"               //包含智能小车驱动 I/O 口定义等函数

//主函数
void main(void)
{
    unsigned char i=0;
    P1=0x00;                      //关电机
    TMOD=0x01;
    TH0= 0xFC;                    //1 ms 定时
    TL0= 0x18;
    TR0= 1;
    ET0= 1;
    EA = 1;                       //开总中断

    while(1)                      //无限循环
    {
        run();                    //正转
            delay_nms(2000);
            stop();               //停止
            leftrun();            //左转
            delay_nms(2000);
            rightrun();           //右转
            delay_nms(2000);
            backrun();            //反转
            delay_nms(2000);
    }
}
```

基于模块化设计的思想，将控制电机的代码在 Driver.c 中实现，函数 run( )、leftrun( )、rightrun( )、backrun( )、stop( )分别实现智能车前进、左转、右转、后退及停止等功能。中断处理函数 timer0( )每隔 1 ms 触发一次，P1.6、P1.7 引脚分别接通道 A 使能 ENA、通道 B 使能 ENB 引脚时，可通过改变变量 push_val_left、push_val_right 的值，改变 PWM 信号的占空比，从而改变电机的运行速度。如果通道 A 使能 ENA、通道 B 使能 ENB 引脚默认用跳线帽短接，则电机速度不可调节，如智能车前行时为全速前进。

参考代码如下。

```
//Driver.h
#ifndef _DRIVER_H_
#define _DRIVER_H_

#define Left_1_led        P3_7      //左传感器
#define Right_1_led       P3_6      //右传感器
```

```c
#define Left_moto_pwm        P1_6                    //PWM 信号端
#define Right_moto_pwm       P1_7                    //PWM 信号端

#define Left_moto_go         {P1_2=1,P1_3=0;}        //左电机向前走
#define Left_moto_back       {P1_2=0,P1_3=1;}        //左电机向后转
#define Left_moto_Stop       {P1_2=0,P1_3=0;}        //左电机停转
#define Right_moto_go        {P1_4=1,P1_5=0;}        //右电机向前走
#define Right_moto_back      {P1_4=0,P1_5=1;}        //右电机向后走
#define Right_moto_Stop      {P1_4=0,P1_5=0;}        //右电机停转

void delay_nms(unsigned int n);
void   run(void);                                    //前进
void   leftrun(void);                                //左转
void   rightrun(void);                               //右转
void   backrun(void);                                //后退
void   stop(void);
void pwm_out_left_moto(void);                        //左电机调速
void pwm_out_right_moto(void);                       //右电机调速

#endif

//Driver.c
#include <AT89X52.h>                                 //包含 51 单片机头文件，内部有各种寄存器定义
#include "Driver.h"                                  //包含智能小车驱动 I/O 口定义等函数

unsigned char pwm_val_left   =0;                     //变量定义
unsigned char push_val_left =0;                      //左电机占空比 N/20
unsigned char pwm_val_right =0;
unsigned char push_val_right=0;                      //右电机占空比 N/20
bit Right_moto_stop=1;
bit Left_moto_stop =1;
unsigned   int   time=0;

/*****************************************************************/

//延时函数
void delay_nms(unsigned int n)
{
    unsigned char j;
    while(n--)
    {
        for(j=0;j<120;j++);
    }
}/**************************************************************/

//全速前进
void   run(void)
{
```

```
        push_val_left=12;                  //速度调节变量 0～20，0 最小，20 最大
        push_val_right=12;
        Left_moto_go ;                     //左电机往前走
        Right_moto_go ;                    //右电机往前走
}


//后退函数
void   backrun(void)
{
        push_val_left=12;                  //速度调节变量 0～20，0 最小，20 最大
        push_val_right=12;
        Left_moto_back;                    //左电机往后走
        Right_moto_back;                   //右电机往后走
}

//左转
void   leftrun(void)
{
        push_val_left=5;
        push_val_right=15;
        Right_moto_go;                     //右电机往前走
        Left_moto_back;                    //左电机往后走
}


//右转
void   rightrun(void)
{
        push_val_left=16;
        push_val_right=8;
        Left_moto_go;                      //左电机往前走
        Right_moto_back;                   //右电机往后走
}

//停止
void   stop(void)
{

        Right_moto_Stop ;                  //右电机停止
        Left_moto_Stop  ;                  //左电机停止
}


/*******************************************************************/
/*                    PWM 调制电机转速                             */
/*******************************************************************/
/*                    左电机调速                                   */
/*调节 push_val_left 的值改变 PWM 信号占空比，从而改变电机转速      */
```

```c
void pwm_out_left_moto(void)
{
    if(Left_moto_stop)
    {
        if(pwm_val_left<=push_val_left)
            {
                    Left_moto_pwm=1;
            }
        else
            {
                Left_moto_pwm=0;
            }
        if(pwm_val_left>=20)
                pwm_val_left=0;
    }
        else
        {
            Left_moto_pwm=0;
        }
}
/***************************************************************/
/*                        右电机调速                          */
void pwm_out_right_moto(void)
{
    if(Right_moto_stop)
    {
        if(pwm_val_right<=push_val_right)
            {
                Right_moto_pwm=1;
            }
        else
            {
                    Right_moto_pwm=0;
            }
        if(pwm_val_right>=20)
                pwm_val_right=0;
    }
    else
        {
            Right_moto_pwm=0;
        }
}

/*************************************************/
///*timer0 中断处理函数产生 PWM 信号*/
void timer0() interrupt 1     using 2
{
    TH0=0xFC;       //1 ms 定时
```

```
        TL0=0x18;
        time++;
        pwm_val_left++;
        pwm_val_right++;
        pwm_out_left_moto();
        pwm_out_right_moto();
    }


/*******************************************************************/
```

9.3 任务实施

9.3.1 实例——智能车循迹程序设计

1. 任务要求

相信大家都看到过类似图 9-8 这样的餐厅服务机器人，或者仓库搬运机器人。有没有注意到图片中地上的那条黑线？没错，机器人正是沿着这条黑线来行进的。本任务将用智能车模拟服务机器人完成循迹功能，单片机上电之后，启动红外循迹功能，智能车会自动循黑线行走。智能车采用的是两路红外探头，P3.6 接右路探头，P3.7 接左路探头。

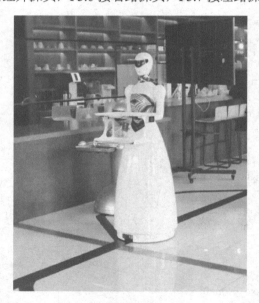

图 9-8　送餐机器人

2. 任务分析

红外传感器循迹的基本原理是利用物体的反射性质，本任务是使智能车循黑线行驶。由于黑色具有较强的吸收能力，当循迹模块发射的红外线照射到黑线时，红外线将会被黑线吸收，导致循迹模块上光电晶体管处于关闭状态，此时模块的输出端为低电平 0。在没有检测到黑线时，模块的输出端为高电平 1。据此编写相应的代码完成智能车循迹功能。

3. 硬件连接

智能车实物连接图如图 9-9 所示，两路红外循迹模块的左侧传感器通过 P3.7 引脚获取信息、右侧传感器通过 P3.6 引脚获取信息。为使编程方便，电机驱动模块 L298N 与单片机各端口的接线和 8.2 节中的"电机控制"部分的原理图接线是一致的。

图 9-9　智能车实际接线图

4. 程序设计

（1）主程序流程图

根据任务要求，画出主程序流程图如图 9-10 所示。

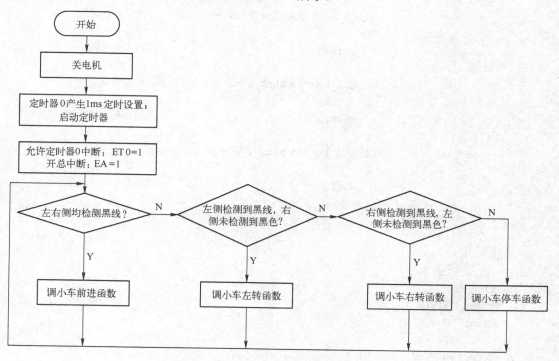

图 9-10　智能车循迹主程序流程图

（2）程序源代码

程序源代码如下。

```c
//MainUnit.c
#include <AT89X52.h>        //包含 51 单片机头文件，内部有各种寄存器定义
#include "Driver.h"         //包含智能小车驱动 I/O 口定义等函数

//循迹主函数
void main(void)
{
    P1=0x00;                //关电机
    TMOD=0x01;
    TH0= 0xFC;              //1 ms 定时
    TL0= 0x18;
    TR0= 1;
    ET0= 1;
    EA = 1;                 //开总中断

    while(1)                //无限循环
      {
          //检测到黑线为 1，否则为 0
          if(Left_1_led==1&&Right_1_led==1)
              run();        //调用前进函数
          else
              {
                      if(Left_1_led==1&&Right_1_led==0)     //左边检测到黑线
                      {
                          leftrun();                        //调用小车左转函数
                      }
                      if(Right_1_led==1&&Left_1_led==0)     //右边检测到黑线
                      {
                          rightrun();                       //调用小车右转函数
                      }
                      if(Right_1_led==0&&Left_1_led==0)     //悬空状态,停车
                      {
                          stop();                           //调用小车停止函数
                      }
                  }
          }
}

//Driver.h
#ifndef _DRIVER_H_
#define _DRIVER_H_

#define Left_1_led      P3_7        //左传感器
```

```c
#define Right_1_led          P3_6          //右传感器
#define Left_moto_pwm        P1_6          //PWM 信号端
#define Right_moto_pwm       P1_7          //PWM 信号端

#define Left_moto_go      {P1_2=1,P1_3=0;}    //左电机向前走
#define Left_moto_back    {P1_2=0,P1_3=1;}    //左边电机向后转
#define Left_moto_Stop    {P1_2=0,P1_3=0;}    //左边电机停转
#define Right_moto_go     {P1_4=1,P1_5=0;}    //右边电机向前走
#define Right_moto_back   {P1_4=0,P1_5=1;}    //右边电机向后走
#define Right_moto_Stop   {P1_4=0,P1_5=0;}    //右边电机停转

void delay_nms(unsigned int xms);
void   run(void);                        //全速前进
void   leftrun(void);                    //左转
void   rightrun(void);                   //右转
void   backrun(void);                    //后退
void   stop(void);
void pwm_out_left_moto(void);            //左电机调速
void pwm_out_right_moto(void);           //右电机调速

#endif



//Driver.c
#include <AT89X52.h>                     //包含 51 单片机头文件，内部有各种寄存器定义
#include "Driver.h"                      //包含智能小车驱动 I/O 口定义等函数

unsigned char pwm_val_left =0;           //变量定义
unsigned char push_val_left =0;          //左电机占空比 N/20
unsigned char pwm_val_right =0;
unsigned char push_val_right=0;          //右电机占空比 N/20
bit Right_moto_stop=1;
bit Left_moto_stop =1;
unsigned   int   time=0;

/*********************************************************************/
/*
//延时函数
void delay_nms(unsigned int n)           //延时函数，有参函数
{
    unsigned int x,y;
    for(x=xms;x>0;x--)
        for(y=120;y>0;y--);
}
*/
/*********************************************************************/
```

```
//全速前进
void    run(void)
{
        push_val_left=12;                   //速度调节变量 0～20，0 最小，20 最大
        push_val_right=12;
        Left_moto_go ;                      //左电机往前走
        Right_moto_go ;                     //右电机往前走
}


/*
//后退函数
void    backrun(void)
{
        push_val_left=12;                   //速度调节变量 0～20，0 最小，20 最大
        push_val_right=12;
        Left_moto_back;                     //左电机往后走
        Right_moto_back;                    //右电机往后走
}
*/

//左转
void    leftrun(void)
{
        push_val_left=5;
        push_val_right=15;
        Right_moto_go ;                     //右电机往前走
        Left_moto_back;                     //左电机往后走
}

//右转
void    rightrun(void)
{
        push_val_left=16;
        push_val_right=8;
        Left_moto_go;                       //左电机往前走
        Right_moto_back;                    //右电机往后走
}

//停止
void    stop(void)
{

        Right_moto_Stop ;                   //右电机停止
        Left_moto_Stop;                     //左电机停止
}
/**************************************************************/
```

```
/*                          PWM 调制电机转速                              */
/**************************************************************************/
/*                          左电机调速                                    */
/*调节 push_val_left 的值改变 PWM 信号占空比，从而改变电机转速             */
void pwm_out_left_moto(void)
{
    if(Left_moto_stop)
    {
        if(pwm_val_left<=push_val_left)
            {
                Left_moto_pwm=1;
            }
        else
            {
                Left_moto_pwm=0;
            }
        if(pwm_val_left>=20)
            pwm_val_left=0;
    }
        else
        {
            Left_moto_pwm=0;
        }
}

    /**************************************************************/
    /*                      右电机调速                            */
void pwm_out_right_moto(void)
    {
        if(Right_moto_stop)
        {
            if(pwm_val_right<=push_val_right)
            {
                Right_moto_pwm=1;
            }
        else
            {
                Right_moto_pwm=0;
            }
        if(pwm_val_right>=20)
            pwm_val_right=0;
        }
        else
        {
            Right_moto_pwm=0;
        }
    }

    /***************************************************/
*timer0 中断处理函数产生 PWM 信号*/
```

```
            void timer0()interrupt 1      using 2
          {
            TH0=0xFC;           //1 ms 定时
            TL0=0x18;
            time++;
            pwm_val_left++;
            pwm_val_right++;
            pwm_out_left_moto();
            pwm_out_right_moto();
          }
/**********************************************************************/
```

需要说明的是，本循迹程序只是一个循迹的框架，并没有考虑场地、摩擦力的大小、环境光照条件以及场地线形等细节的处理。

5．程序调试、仿真、运行

可将智能车程序用 Keil 和 Proteus 进行调试与仿真，当调试成功后，将其下载到开发板上试运行。如果程序不符合要求，可修改参数反复尝试，直到效果满意为止。

9.3.2　实例——智能车避障程序设计

1．任务要求

车辆无人驾驶技术是未来的大趋势，无人驾驶系统里一个非常重要的课题就是障碍物的精准、及时的识别和避让。智能车在未知环境中行进，必须具备一项重要的功能——避障功能。智能车避免触碰人和物，可以保证双方的安全，具有非常重要的意义。本任务用红外避障模块实现智能车的避障功能，单片机上电之后，通过按键启动智能车运行，之后智能车根据两路红外避障模块的反馈信息，执行相应的动作。

2．任务分析

避障的方法有很多，如红外避障、超声波避障等，由于智能车 F 套餐提供的是红外避障模块，因此，本任务基于两个红外避障模块，完成避障程序设计。根据智能车的运行情况有以下几种运动方式：若两个红外避障模块都没有检测到障碍物，则智能车直行；若左边的红外避障模块检测到障碍物，则智能车向右转；若右边的红外避障模块检测到障碍物，则智能车向左转。该描述是最简单的红外避障方法，如果有一定的速度需求，则在该方法基础上加以改进。

3．硬件连接

电机驱动模块 L298N 与单片机各端口的接线与 9.3.1 节是相同的，左侧红外避障模块的 OUT 引脚接 P3.4，右侧红外避障模块的 OUT 引脚接 P3.5。两个红外避障模块的 V_{CC} 和 GND 引脚分别小车主板上的 V_{CC} 和 GND 相连。红外避障模块实物图如图 9-11 所示。

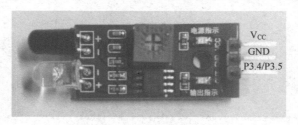

图 9-11　红外避障模块实物图

4. 程序设计

（1）主程序流程图

根据任务要求，画出主程序流程图如图9-12所示。

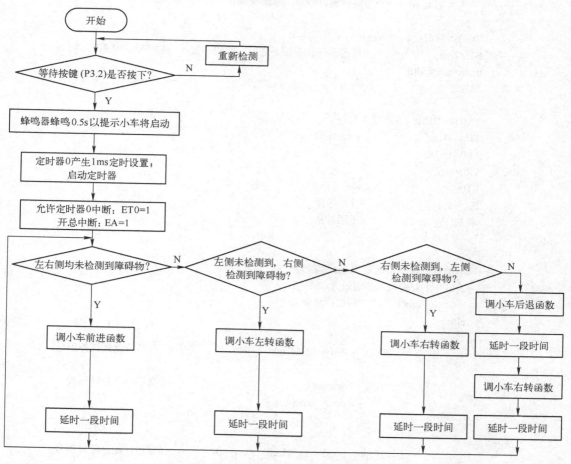

图9-12　智能车避障主程序流程图

（2）程序源代码

智能车避障程序代码如下。

```
//MainUnit.c
#include <AT89X52.h>        //包含51单片机头文件，内部有各种寄存器定义
#include "Driver.h"         //包含智能小车驱动I/O口定义等函数

//避障主函数
void main(void)
{
    unsigned char i;
    P1=0X00;                //关小车电机
    //按键启动
    B:for(i=0;i<50;i++)     //判断K4是否按下
```

```c
    {
        delay_nms(1);        //1 ms 内判断 50 次，若其中有一次判断到按键没按下，便重新检测
        if(P3_2!=0)          //当按键按下时，启动小车前进
            goto B;          //跳转到标号 B，重新检测
    }
//蜂鸣器接口已在 Driver.h 头文件里定义
    BUZZ=0;                  //检测到确认键按下之后，蜂鸣器发出"滴"声响，然后启动小车
    delay_nms(500);
    BUZZ=1;                  //响 500 ms 后关闭蜂鸣器

    TMOD=0x01;
    TH0= 0xfc;               //1 ms 定时
    TL0= 0x18;
    TR0= 1;
    ET0= 1;
    EA = 1;                  //开总中断
    while(1)                 //无限循环
    {

        //检测到障碍物信号为 0，否则为 1
        if(Left_1_led==1&&Right_1_led==1)
            run();           //调用前进函数
        else
        {
            if(Left_1_led==1&&Right_1_led==0)           //右边检测到红外信号
            {
                leftrun();                              //调用小车左转函数
                delay_nms(40);
            }

            if(Right_1_led==1&&Left_1_led==0)           //左边检测到红外信号
            {
                rightrun();                             //调用小车右转函数
                delay_nms(40);
            }
            if(Right_1_led==0&&Left_1_led==0)           //两边传感器同时检测到红外
            {
                backrun();                              //调用电机后退函数
                delay_nms(40);
                rightrun();                             //调用电机右转函数
                delay_nms(90);
            }
        }
    }
}
```

```c
//Driver.h
#ifndef _DRIVER_H_
#define _DRIVER_H_


/***蜂鸣器接线定义*****/
sbit BUZZ=P2^3;

#define Left_1_led          P3_4              //左传感器
#define Right_1_led         P3_5              //右传感器
#define Left_moto_pwm           P1_6          //PWM 信号端
#define Right_moto_pwm          P1_7          //PWM 信号端

#define Left_moto_go        {P1_2=1,P1_3=0;}  //左电机向前走
#define Left_moto_back      {P1_2=0,P1_3=1;}  //左边电机向后转
#define Left_moto_Stop      {P1_2=0,P1_3=0;}  //左边电机停转
#define Right_moto_go       {P1_4=1,P1_5=0;}  //右边电机向前走
#define Right_moto_back     {P1_4=0,P1_5=1;}  //右边电机向后走
#define Right_moto_Stop     {P1_4=0,P1_5=0;}  //右边电机停转


void delay_nms(unsigned int n);
void    run(void);                            //全速前进
void    leftrun(void);                        //左转
void    rightrun(void);                       //右转
void    backrun(void);                        //后退
void    stop(void);
void pwm_out_left_moto(void);                 //左电机调速
void pwm_out_right_moto(void);                //右电机调速

#endif

//Driver.c
#include <AT89X52.h>                          //包含 51 单片机头文件，内部有各种寄存器定义
#include "Driver.h"                           //包含智能小车驱动 I/O 口定义等函数

unsigned char pwm_val_left   =0;              //变量定义
unsigned char push_val_left =0;               //左电机占空比 N/20
unsigned char pwm_val_right =0;
unsigned char push_val_right=0;               //右电机占空比 N/20
bit Right_moto_stop=1;
bit Left_moto_stop =1;
unsigned   int   time=0;

/*****************************************************************/
//延时函数
```

```
void delay_nms(unsigned int n)
{
    unsigned char j;
    while(n--)
    {
        for(j=0;j<120;j++);
    }
}
/***************************************************************/
//前速前进
void    run(void)
{
    push_val_left=12;            //速度调节变量 0～20，0 最小，20 最大
    push_val_right=12;
    Left_moto_go ;               //左电机往前走
    Right_moto_go ;              //右电机往前走
}

//后退函数
void    backrun(void)
{
    push_val_left=12;            //速度调节变量 0～20，0 最小，20 最大
    push_val_right=12;
    Left_moto_back;              //左电机往后走
    Right_moto_back;             //右电机往后走
}

//左转
void    leftrun(void)
{
    push_val_left=12;
    push_val_right=12;
    Left_moto_back;              //左电机往后走
    Right_moto_go;               //右电机往前走
}

//右转
void    rightrun(void)
{
    push_val_left=12;
    push_val_right=12;
    Right_moto_back;             //左电机往前走
    Left_moto_go ;               //右电机往后走
}

/***************************************************************/
```

```
/*                         PWM 调制电机转速                                */
/***********************************************************************/
/*                      左电机调速                                       */
/*调节 push_val_left 的值改变 PWM 信号占空比，从而改变电机转速              */
void pwm_out_left_moto(void)
{
    if(Left_moto_stop)
      {
         if(pwm_val_left<=push_val_left)
             {
                    Left_moto_pwm=1;
             }
         else
             {
                    Left_moto_pwm=0;
             }
         if(pwm_val_left>=20)
                    pwm_val_left=0;
      }
    else
      {
           Left_moto_pwm=0;
      }
}
/***********************************************************************/
/*                      右电机调速                                       */
void pwm_out_right_moto(void)
{
  if(Right_moto_stop)
    {
         if(pwm_val_right<=push_val_right)
             {
                  Right_moto_pwm=1;
             }
         else
             {
                  Right_moto_pwm=0;
             }
         if(pwm_val_right>=20)
                  pwm_val_right=0;
      }
    else
         {
           Right_moto_pwm=0;
         }
```

```
    }

/***********************************************/
///*timer0 中断服务子函数产生 PWM 信号*/
void timer0() interrupt 1      using 2
{
        TH0=0xFC;            //1 ms 定时
        TL0=0x18;
        time++;
        pwm_val_left++;
        pwm_val_right++;
        pwm_out_left_moto();
        pwm_out_right_moto();
    }

/*************************************************************/
```

5. 程序调试、仿真、运行

可将智能车程序用 Keil 和 Proteus 进行调试与仿真，当调试成功后，将其下载到智能车主板上试运行。如果程序不符合要求，可修改参数反复尝试，直到效果满意为止。

9.4 小结

本任务介绍了智能车的循迹和红外避障程序的设计。本任务主要目的是让读者基于 51 单片机，结合智能车，设计简单的程序，激发读者学习单片机、嵌入式系统的兴趣，实际的智能车不管从硬件还是软件上，都要比本任务介绍的硬件和软件复杂得多。兴趣是最好的老师，有了单片机的相关知识，读者后续可以自行深入学习智能车的硬件和软件设计。

思政小贴士：新能源车——绿色低碳出行新方式

新能源汽车的诞生是减少全球碳排放量的关键举措之一，世界各国政府正在制定 2050 年的碳排放目标，汽车行业的转型也需要全球共同努力。为了应对公众压力并鼓励相关科研项目，英国、中国、日本和许多国家都正在制订减少化石燃料生产的计划，以推进全球"绿色复苏"运动，这也是刺激经济发展的战略之一。根据各国政府的政策，汽车制造企业也在着手搭建全球产业供应链。

据估计，一辆汽车对环境的污染有 80%～90%来自油耗、能源生产以及空气污染和温室气体排放。另外，美国环境保护署（EPA）的数据显示，美国温室气体排放最主要的来源正是交通运输，因此，汽车制造商正在研发新技术来减少运输燃料和一氧化碳污染。由于电池技术不断升级，价格进一步下降，2020 年全球电动汽车销量增长了 43%。在政府拨款和税收补贴的扶持下，全球电动汽车的价格已经开始逐渐低于汽油和柴油车型。汽车制造商、政府和相关行业正投入大量资金进行燃料电池研究，并鼓励用户购买电动汽车。新能源汽车在农村比较受欢迎，重要原因之一是国产新能源车多款车型推出金融贴息、置换、赠送充电桩及现金优惠等多重优惠，有的车型扣除补贴后价格不到 3 万元，让不少农村家庭圆了"汽车梦"。再加上全国脱贫攻坚目标任务已经完成，广大乡村的道路、电网等基础设施大幅改善，这也为新能源汽车下乡创造了良好条件。

《中华人民共和国国民经济和社会发展第十四个五年规划和 2035 年远景目标纲要》提出到 2025 年要形成绿色生活生产方式，生态环境好转，碳排放量下降。新能源就是一种新的出行方式，相信今后新能源车将会更加普及，大家会越来越喜欢这种环保的交通工具。

近年来，我国新能源汽车产业发展取得显著成效。发展新能源汽车产业，是我国加快发展先进制造业、推动产业转型升级的重要举措。可以肯定，新能源汽车将为我国今后的产业发展增添新动能、注入新活力，各车企和消费者应转变观念，共同倡导绿色出行、绿色消费。但要让城乡广大消费者都爱上新能源汽车，除了提升服务水平、完善基础设施外，还得着力强化技术创新，使驾乘新能源汽车更方便快捷。《参考消息》报道，世界各地汽车制造商和供应商已一致认同了一套无线充电系统，可让电动车辆和插电式混合动力汽车无须连接固定插座就能充电，就像用无线充电宝给手机充电一样方便。如果这样的无线充电系统推广开来，许多正在使用或有意使用电动汽车的市民，就不必因在停车场所和出行过程中难以找到充电桩而发愁了。

对此，我国新能源汽车产业应下好"先手棋"，在大力推进充电基础设施建设的同时，尽快在引进电池、电机、电控等关键配套项目上取得重大突破，紧跟产品更新换代步伐，迅速解决产品使用中存在的痛点难点堵点问题，让新能源汽车既省下油耗，又能爬坡过坎、快速充电，成为在城乡各地有口皆碑、容易推广的绿色主流产品。

9.5 课程设计参考

1. 数字温度计设计

（1）任务要求

利用单片机结合温度传感器 DS18B20 作为温度采集器，设计一款数字温度计，可以显示环境的温度或者测量人体的体温。

（2）系统方案参考

本设计可选用 51 单片机芯片作为主控制器，利用温度传感器 DS18B20 测量温度，在数码管上显示温度。

1）温度测量。温度检测电路采用 Dallas 公司生产的 1-Wire 接口数字温度传感器 DS18B20，它采用 3 引脚 TO-92 封装，温度测量范围为-55～+125℃，编程设置 9～12 位分辨率。现场温度直接以 1-Wire 的数字方式传输，大大提高了系统的抗干扰性。单片机只需一根端口线就能与多个 DS18B20 通信，但需要接 4.7 kΩ 的上拉电阻。DS18B20 采用 1-Wire 单总线协议方式，该协议定义了 3 种通信时序：初始化时序、读时序和写时序。而 51 单片机在硬件上并不支持单总线协议，因此，必须采用软件方法模拟单总线的协议时序，来完成与 DS18B20 间的通信。

2）温度显示。以串口传送数据，采用 3 位共阳极 LED 数码管显示相应的温度值，通过串行输入并行输出的移位寄存器 74LS164 输出段码，位码用 NPN 晶体管驱动，单片机的 I/O 口模拟数码管串行显示的启动、时钟端、串行数据输入端。

2. 电子万年历设计

（1）任务要求

设计并实现电子万年历，要求系统能够显示阳历的年、月、日、星期、时、分和秒。系统能够整点报时，有闹钟功能，能够显示当前温度。系统硬件电路主要由单片机最小系统、数码管、温度传感器、按键和蜂鸣器等模块组成，系统组成框图如图9-13所示。

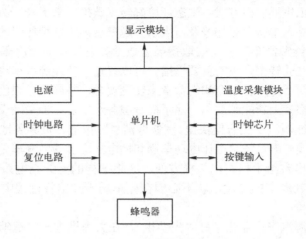

图9-13　电子万年历系统组成框图

（2）系统方案参考

1）电路原理图设计。根据设计任务要求，使用Proteus软件设计电路原理图。

2）流程图绘制及程序的编写。

① 画出程序流程图。

② 按照设计要求完成程序设计任务。

3）软、硬件联调。将编译通过的程序装载到Proteus仿真的单片机中，进行软、硬件的联调。

① 系统初始化状态正确。

② 数码管显示功能，界面满足任务要求。

③ 时间显示正确。

④ 实现整点报时功能。

⑤ 实现闹钟功能。

⑥ 实现温度检测功能。

⑦ 实现按键参数设置功能。

⑧ 实现蜂鸣器报时和闹钟功能。

3. 模拟出租车计价器设计

（1）任务要求

出租车计价价器用于记录里程、等待时间、是否往返、起步里程数与价格的关系，它能有效地避免司机与乘客间的矛盾，保障双方的利益。

模拟出租车计价器能根据总里程数、总等待时间长短、是否往返、起步里程数的情况做出相应报价等。当然实际的出租车计价器还具有打印车票等功能。

（2）系统方案参考

系统组成框图如图9-14所示。

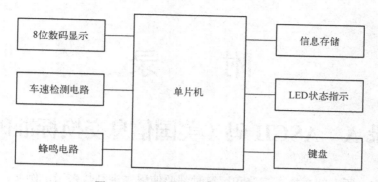

图 9-14　出租车计价器系统组成框图

软、硬件设计参考：

1）用前 4 位数码管实时显示里程数，单位为 km，最后一位为小数位；用后 4 位数码管实时显示金额数，单位为元，最后一位为小数位。

2）规定出租车单程价格为 2 元/km，往返则价格为 1.5 元/km；单程/往返分别由"单程"按键和"往返"按键设定。

3）车速<5 km/h 的时间累积为总等待时间 T（min），每 5 min 等待时间相当于里程数增加 1 km。

4）起步里程数为 3 km，价格为 8 元；若实际运行大于 3 km，采用金额=(里程-3)×单价+8 进行计算。

5）用单片机控制电机转动，并用光电传感器检测转盘转动模拟车速，车速与转盘转速成正比。转盘转速为 5 转/s 对应车速为 5 km/h，转盘转速为 50 转/s 对应车速为 50 km/h，依次类推。

6）要求里程数检测误差不超过±10%。

7）到达目的地后，按"暂停"键，计价器可暂停计价。

8）按"清除"键，计价器能将记录数据（里程、等待时间与价格等）自动清 0。

9）按"查询"键，能自动显示总等待时间 T，再按下该键回到显示里程数、金额状态。

附　　录

附录 A　ASCII 码（美国信息交换标准码）

在计算机中，所有的数据在存储和运算时都要使用二进制数表示，例如，a、b、c、d 这样的 52 个字母（包括大写）以及 0、1 等数字，还有一些常用的符号（例如*、#、@等）在计算机中存储时也要使用二进制数来表示，而具体用哪些二进制数字表示哪个符号，则需要一套编码规则。于是美国有关的标准化组织就出台了 ASCII 编码，统一规定了上述常用符号用哪些二进制数来表示。

ASCII 码是由美国国家标准学会（American National Standard Institute，ANSI）制定的，是一种标准的单字节字符编码方案，用于基于文本的数据。它最初是美国国家标准，供不同计算机在相互通信时用作共同遵守的西文字符编码标准，后来被国际标准化组织（International Organization for Standardization，ISO）定为国际标准，称为 ISO 646 标准，适用于所有拉丁文字字母。ASCII 码表见表 A-1。控制字符含义见表 A-2。

表 A-1　ASCII 码表

ASCII 码		字符	ASCII 码		字符	ASCII 码		字符	ASCII 码		字符
十进制	十六进制		十进制	十六进制		十进制	十六进制		十进制	十六进制	
0	0	NUL	32	20	(space)	64	40	@	96	60	`
1	1	SOH	33	21	!	65	41	A	97	61	a
2	2	STX	34	22	"	66	42	B	98	62	b
3	3	ETX	35	23	#	67	43	C	99	63	c
4	4	EOT	36	24	$	68	44	D	100	64	d
5	5	ENQ	37	25	%	69	45	E	101	65	e
6	6	ACK	38	26	&	70	46	F	102	66	f
7	7	BEL	39	27	,	71	47	G	103	67	g
8	8	BS	40	28	(	72	48	H	104	68	h
9	9	HT	41	29	)	73	49	I	105	69	i
10	A	LF	42	2A	*	74	4A	J	106	6A	j
11	B	VT	43	2B	+	75	4B	K	107	6B	k
12	C	FF	44	2C	,	76	4C	L	108	6C	l
13	D	CR	45	2D	-	77	4D	M	109	6D	m
14	E	SO	46	2E	.	78	4E	N	110	6E	n
15	F	SI	47	2F	/	79	4F	O	111	6F	o
16	10	DLE	48	30	0	80	50	P	112	70	p
17	11	DC1	49	31	1	81	51	Q	113	71	q

ASCII 码		字符	ASCII 码		字符	ASCII 码		字符	ASCII 码		字符
十进制	十六进制		十进制	十六进制		十进制	十六进制		十进制	十六进制	
18	12	DC2	50	32	2	82	52	R	114	72	r
19	13	DC3	51	33	3	83	53	X	115	73	s
20	14	DC4	52	34	4	84	54	T	116	74	t
21	15	NAK	53	35	5	85	55	U	117	75	u
22	16	SYN	54	36	6	86	56	V	118	76	v
23	17	TB	55	37	7	87	57	W	119	77	w
24	18	CAN	56	38	8	88	58	X	120	78	x
25	19	EM	57	39	9	89	59	Y	121	79	y
26	1A	SUB	58	3A	:	90	5A	Z	122	7A	z
27	1B	ESC	59	3B	;	91	5B	[	123	7B	{
28	1C	FS	60	3C	<	92	5C	/	124	7C	|
29	1D	GS	61	3D	=	93	5D	]	125	7D	}
30	1E	RS	62	3E	>	94	5E	^	126	7E	~
31	1F	US	63	3F	?	95	5F	—	127	7F	DEL

表 A-2　控制字符含义

控制字符	含义	控制字符	含义	控制字符	含义
NUL	空	VT	垂直制表	SYN	空转同步
SOH	标题开始	FF	走纸控制	ETB	信息组传送结束
STX	正文开始	CR	回车	CAN	作废
ETX	正文结束	SO	移位输出	EM	纸尽
EOY	传输结束	SI	移位输入	SUB	置换
ENQ	询问字符	DLE	空格	ESC	换码
ACK	收到	DC1	设备控制 1	FS	文字分隔符
BEL	报警	DC2	设备控制 2	GS	组分隔符
BS	退一格	DC3	设备控制 3	RS	记录分隔符
HT	横向列表	DC4	设备控制 4	US	单元分隔符
LF	换行	NAK	否定	DEL	删除

附录 B C51 常用库函数

下面简单介绍 Keil μVision5 编译环境提供的常用 C51 标准库函数，以便在进行程序设计时选用。

1. 标准函数库

标准函数库提供了一些数据类型转换以及存储器分配等操作函数。标准函数的原型声明包含在头文件 stdlib.h 中，常用的标准函数见表 B-1。

表 B-1 常用标准函数

函　　数	功　　能	函　　数	功　　能
atoi	将字符串转换成整型数值并返回该值	srand	初始化随机数发生器的随机种子
atol	将字符串转换成长整型数值并返回该值	calloc	为 n 个元素的数组分配内存空间
atof	将字符串转换成浮点数值并返回该值	free	释放前面已分配的内存空间
strtod	将字符串转换成浮点型数据并返回该值	init_mempool	对前面申请的内存进行初始化
strtol	将字符串转换成 long 型数值并返回该值	malloc	在内存中分配指定大小的存储空间
strtoul	将字符串转换成 unsigned long 型数值并返回该值	realloc	调整先前分配的存储器区域大小
rand	返回一个 0～32767 之间的伪随机数		

2. 字符函数库

字符函数库提供了对单个字符进行判断和转换的函数。字符函数库的原型声明包含在头文件 ctype.h 中，常用的字符处理函数见表 B-2。

表 B-2 常用字符处理函数

函　　数	功　　能	函　　数	功　　能
isalpha	检查形参字符是否为英文字母	isspace	检查形参字符是否为控制字符
isalnum	检查形参字符是否为英文字母或数字字符	isxdigit	检查形参字符是否为十六进制数字
iscntrl	检查形参字符是否为控制字符	toint	转换形参字符为十六进制数字
isdigit	检查形参字符是否为十进制数字	tolower	将大写字符转换为小写字符
isgraph	检查形参字符是否为可打印字符	toupper	将小写字符转换为大写字符
isprint	检查形参字符是否为可打印字符以及空格	toascii	将任何字符型参数缩小到有效的 ASCII 范围之内
ispunct	检查形参字符是否为标点、空格或格式字符	islower	检查形参字符是否为小写英文字母
isupper	检查形参字符是否为大写英文字母		

3. 字符串函数库

字符串函数的原型声明包含在头文件 string.h 中。在 C51 语言中，字符串应包括 2 个或多个字符，字符串的结尾以空字符来表示。字符串函数通过接收指针串来对字符串进行处理。常用的字符串函数见表 B-3。

函　数	功　能	函　数	功　能
memchr	在字符串中顺序查找字符	strncpy	将一个指定长度的字符串覆盖另一个字符串
memcmp	按照指定的长度比较两个字符串的大小	strlen	返回字符串中字符总数
memcpy	复制指定长度的字符串	strstr	搜索字符串出现的位置
memccpy	复制字符串，如果遇到终止字符则停止复制	strchr	搜索字符出现的位置
memmove	复制字符串	strpos	搜索并返回字符出现的位置
memset	按规定的字符填充字符串	strrchr	检查字符串中是否包含某字符
strcat	复制字符串到另一个字符串的尾部	strrpos	检查字符串中是否包含某字符，并返回位置值
strmcat	复制指定长度的字符串到另一个串符串的尾部	strspn	查找不包含在指定字符集中的字符
strcmp	比较两个字符串的大小	strcspn	查找包含在指定字符集中的字符
stmcmp	比较两个字符串的大小，比较到字符串结束符后停止	strpbrk	查找第一个包含在指定串符集中的字符
strcpy	将一个字符串覆盖另一个字符串	strrpbrk	查找最后一个包含在指定串符集中的字符

4．内部函数库

内部函数库提供了循环移位和延时等操作函数。内部函数的原型声明包含在头文件 intrins.h 中，内部函数库的常用函数见表 B-4。

表 B-4　内部函数库的常用函数

函　数	功　能	函　数	功　能
crol	将字符型数据按照二进制循环左移 n 位	_iror_	将整型数据按照二进制循环右移 n 位
irol	将整型数据按照二进制循环左移 n 位	_lror_	将长整型数据按照二进制循环右移 n 位
lrol	将长整型数据按照二进制循环左移 n 位	_nop_	使单片机程序产生延时
cror	将字符型数据按照二进制循环右移 n 位	_testbit_	对字节中的一位进行测试

5．数学函数库

数学函数库提供了多个数学计算的函数，其原型声明包含在头文件 math.h 中，数学函数库的函数见表 B-5。

表 B-5　数学函数库的函数

函　数	功　能	函　数	功　能
abs	计算并返回输出整型数据的绝对值	sqrt	计算并返回浮点数 x 的平方根
cabs	计算并返回输出字符型数据的绝对值	cos、sin、tan、acos、asin、atan、atan2、cosh、sinh、tanh	计算三角函数的值
fabs	计算并返回输出浮点型数据的绝对值		
labs	计算并返回输出长整型数据的绝对值	ceil	计算并返回一个不小于 x 的最小正整数
exp	计算并返回输出浮点数 x 的指数	floor	计算并返回一个不大于 x 的最小正整数
log	计算并返回浮点数 x 的自然对数	modf	将浮点型数据的整数和小数部分分开
log10	计算并返回浮点数 x 的以 10 为底的对数值	pow	进行幂指数运算

附录 C 常用逻辑符号对照表

名　称	国标符号	曾用符号	国外常用符号	名　称	国标符号	曾用符号	国外常用符号
与门	&			基本 RS 触发器	S R	S Q R Q̄	S Q R Q̄
或门	≥1	+		同步 RS 触发器	1S C1 1R	S Q CP R Q̄	S Q CK R Q̄
非门	1						
与非门	&			正边沿 D 触发器	S 1D C1 R	D Q CP Q̄	D S_D Q CK R_D Q̄
或非门	≥1	+					
异或门	=1	⊕		负边沿 JK 触发器	S 1J C1 1K R	J Q CP K Q̄	J S_D Q CK K R_D Q̄
同或门	=	⊙					
集电极开路与非门	&◇			全加器	Σ CI CO	FA	FA
三态门	1 EN ▽			半加器	Σ CO	HA	HA
施密特与门	&⎍	⎍	⎍	传输门	TG	TG	

参 考 文 献

[1] 王静霞，杨宏丽，刘俐. 单片机应用技术：C 语言版[M]. 3 版. 北京：电子工业出版社，2016.

[2] 迟忠君，刘梅，李云阳. 单片机应用技术[M]. 北京：北京邮电大学出版社，2013.

[3] 陈海松，何惠琴，刘丽莎. 单片机应用技能项目化教程[M]. 北京：电子工业出版社，2013.

[4] 李莉. 51 系列单片机软件抗干扰设计方法[J]. 计算机知识与技术，2012, 8(15):3725-3727.

[5] 冯蓉珍，宋志强. 嵌入式计算机应用[M]. 北京：中央广播电视大学出版社，2017.

[6] 林立. 单片机原理及应用：C51 语言版[M]. 北京：电子工业出版社，2018.

[7] 陈宇燕，吴慧芳. 课程思政在高职"单片机应用技术"中的实践探索[J]. 轻工科技，2020,36(11):179-180.

[8] 刘志君，姚颖，冯暖. 课程思政在"单片机原理与应用"课程中的探索与实践[J]. 辽宁科技学院学报，2021,23(03):50-52.

[9] 张宏伟，王新环，王静."嵌入式系统设计"课程思政资源挖掘及教学方法研究[J]. 工业和信息化教育，2021(03):60-63.

[10] 王博，黄永红，贾好来."嵌入式系统及应用"课程思政教学实践[J]. 电气电子教学学报，2020, 42(06):25-29.

[11] 潘勇. C51 单片机智能机器人实战[M]. 北京：清华大学出版社，2021.